초등 영어는 듣기가 전부다

영어를 모국어처럼 말하는 아이의 비밀

초등 영어는 (((듣기가))) 전부다

이진희 지음

우노
라이프

미리 만나 본 엄마들의 기대평

내년이면 아이가 8세가 되어요. 학교 들어가기 전에는 엄마표 교육을 시작해야지 하고 마음먹었다가 원더지니쌤을 만나게 되었어요.

아이가 4세 때 한글을 읽고 5세 때 한글을 써 왔지만 영어 교육을 아직 제대로 시키진 않았어요. 학습지로 파닉스 교육만 시작한 상태였지요. 하지만 원더지니쌤의 강의를 듣고 나서 영어의 핵심은 '듣기'라는 것을 알았어요. 머리를 한 대 얻어맞은 느낌이었어요. 아이가 영어를 유창하게 말하게 하도록 목표를 세웠는데, 그동안 파닉스로 알파벳을 공부하고 발음을 공부시켰죠. 제가 30년 전 교육받았던 걸 아이에게 그대로 하고 있었다니.

강의를 듣고 나서 아이와 함께 읽을 책을 같이 골랐습니다. 제 영어 발음이 부끄러워서 피해 왔는데 엄마표 영어를 안 한 게 더 부끄러웠어요. 학습지로 파닉스만 시켜 주는 것으로, 내가 영어 공부시켜 주는 엄마라고 대단한 착각을 하고 살았답니다. 이제부터 아이와 함께 읽을 영어책부터 마련하고 출근하기 전에 영어책 함께 읽기에 도전해 봅니다.

- 투비리치 님

원더지니쌤의 강의 내용 중에 가장 크게 와닿았던 점은 모국어를 배울 때 자연스럽게 듣기와 말하기를 언어를 습득하듯이 영어도 듣기와 말하기로 자연스럽게 시작하고 나서 읽기, 쓰기로 단계별로 나아가면 좋다는 것이었습니다. 저는 그동안 왜 영어는 모국어처럼 듣기가 아닌 문자부터 가르치려 했을까요?

원더지니쌤의 아이들이 유창하게 영어를 하는 동영상을 보면서 부럽다는 생각과 함께 이제부터 꾸준히 노력해서 아이들에게 영어를 많이 들려줘야겠다고 생각했어요. 그나저나 지금도 매일 아침 영어책 1시간 읽기를 한다는 원더지니쌤, 정말 대단해요!

- 건강마미 님

아이가 어릴 때부터 한글책은 많이 읽어 주었는데 영어책은 사 두기만 하고 못 읽어 줬어요. 워킹맘이라 친정엄마가 아이를 봐 주셨는데, 영어책은 할머니가 읽어 주시기 어렵잖아요? 영어책을 안 읽어 주었더니 아이가 영어책은 거부하고 한글책만 좋아했어요.

아이가 7세 후반, 8세부터는 영어 거부감이 사라졌는지 '강아지' 같은 좋아하는 주제의 영어책을 읽어 주면 좋아했습니다. 아이가 초등학생이 되어 너무 늦은 거 아닐까 하고 속상했는데, 원더지니쌤의 강의를 듣고 그나마 시간적 여유가 있는 초등학교 저학년 때, 어느 정도 영어에 귀와 입을 트이게 하자는 의지가 활활 타올랐어요.

하루 30분에서 1시간 동안 영어책 읽어 주고, 자투리 시간에 무조건 음원 틀어 주고, 1시간 동안 영어 영상물을 보여 주고 있어요. 이번에 원더지니쌤의 노하우가 담긴 책이 나오는데, 영어 듣기 인풋만큼 아웃풋이 어떻게 나오는지 알 수 있겠죠? 기대가 많이 되네요.

- 굿오쩽이 님

저는 영어에 자신이 없어서 아이에게 어떻게 가르쳐 줘야 할지 막막했어요. 디즈니처럼 흥미 유발되는 애니메이션을 보여 주고, 영어 시디(CD)를 계속 틀어 놓으란 말을 많이 듣긴 했는데, 영상은 최대한 늦게 보여 주려고 가급적 자제했어요.

아이가 4세가 되는 봄쯤에 영어 전집의 세이펜으로 흥미도 끌어 보고 자기 전에 영어 시디도 틀어 놓았는데, 결국 영어 전집은 책장 제일 구석으로 밀렸어요. 그러는 와중에 원더지니쌤의 강의를 들었어요. 어떻게 하면 아이가 영어에 더 흥미를 느낄지, 엄마표 영어란 도대체 무엇인지, 핵심 노하우를 배울 수 있었습니다. 이번에 나오는 책에서 더 구체적인 방법을 배워서 아이에게 당장 적용해 봐야겠어요.

- 하람 님

아이가 아직 어린데 초등학교 저학년까지는 제가 힘닿는 데까지 해 보려고요. 엄마가 집에서 영어를 가르치면 좋은 점이 바로 '내 아이에게 맞춘 교육' 아니겠어요? 우선 집에 영어책이 많지는 않지만, 있는 걸로 읽어 주기 시작했습니다. 그리고 영어 음원에 노출하는 시간을 늘렸어요. 마치 카페에 가면 나오는 배경음악처럼 계속 틀어 주고 있어요. 아직은 듣기가 쌓이는 시간이지만 영어 듣기가 어느 정도 수준에 이르면 듣고 행동할 수 있도록 영어 게임도 해 보려고요. 저와 같이 영어를 공부한 아이가 언젠가 영어로 말하는 순간이 오면 정말 기쁠 것 같아요.

- 심플맘 님

학습이라는 명목 아래 아이에게 영어 공부를 시키는 것이 혹여나 독이 될까 봐 시도도 못하고 있었어요. 그나마 자부하는 건 한글로 된 그림책, 동화책은 열심히 읽어 줬어요. 엄마인 제가 책을 자주 보니 아이들도 책을 보는 건 즐겨합니다. 덕분에 아이들이 4, 5세에 모두 한글을 거의 뗐어요. 그런데 영어는 정말 할 말이 없어요. 이제 큰애가 초등학교 2학년인데, 영어 관련 책을 사 준다거나 동영상을 의도적으로 보여 준 적이 거의 없어요. 그나마 차로 이동할 때 가끔 틀어 줬던 영어 동요가 전부네요. 저희 아이는 너무 늦은 게 아닐까 조바심이 들었는데요. 원더지니쌤이 지금 시작해도 늦지 않았다고 말씀해 주셔서 얼마나 다행인지요!

우선, 영어 노출 시간을 늘렸어요. 원더지니쌤이 영어 동화책 읽어 주기, 영어 동요 듣기, 영상 보기, 세이펜 활용, 새도우 스피킹 등 아이에게 맞는 책과 방법을 활용해서 영어 노출 시간을 조금씩 늘려 가야 한다고 말씀하셨어요. 말하기가 되기 위해서는 절대적인 듣기 시간이 필요하다고요. 그런 영어 노출의 시간을 거친 뒤에는 조금씩 말하기 연습을 하며 아웃풋 연습을 하면 실력이 늘어난다고 해요. 아주 어려서부터 영어를 듣는 환경에 노출시켜 주는 것이 정말 중요한 것 같아요. 우리가 모국어를 학습으로 익히는 것이 아니라 어려서부터 모국어 환경에 노출되었기 때문에 자연스레 모국어를 한 것처럼요.

- 꿈꾸는 새벽달 님

원더지니쌤의 강의 중 엄마표 영어를 하면서 중요한 점은 '무조건 아이의 가능성을 믿으라는 것'이었어요. 예전에 번역된 한글책과 영어로 된 쌍둥이 영어책을 읽어 줬을 때도, 아이는 이미 그림을 통해 내용을 대부분 정확히 파악하고 있었어요. 역시 의심하지 않고 아이의 가능성을 믿는 것이 중요한가 봐요.

아이가 영어를 '공부'가 아닌 '언어'로 받아들여서, 영어로 자유로운 소통을 했으면 좋겠어요. 제가 영어를 못해서 괜찮을까 걱정이지만 원더지니쌤의 방법대로 하면 좋은 결과가 있을 것 같아요. 원더지니쌤의 아이들을 보니 희망이 생겨요. 저도 엄마가 아닌 아이의 가능성을 믿고 해 보려고요.

- 브로디 님

워킹맘이라는 이유로 아이 공부 가르치는 것을 한 번도 시도한 적이 없었어요. 아이가 7세가 되던 해에 같은 반이던 친구들이 많이 영어 유치원으로 빠져나갔지만, 계속 기존 어린이집으로 보냈고, 지금까지도 영어 공부를 제대로 시켜 본 적이 없었어요. 초등학생이 된 지금은 영어를 가르쳐야겠다는 생각이 드는데 어떻게 시작해야 할지 감을 못 잡겠더라고요. 조금씩이라도 노출을 시켰어야 하는데 제가 너무 무지했구나 싶었어요. 원더지니쌤의 강연을 들으며 많이 반성했습니다.

엄마표 영어를 하면 사교육비도 줄고, 아이한테 가르쳐 주려면 엄마도 공부를 해야 하니 자연스럽게 영어 실력도 늘어서 좋은 것 같아요. 이 책에서 간단한 문장을 활용해 아이에게 영어로 말 걸기를 해 보라고 하는데, 세 단어로 되어 있어 생각보다 어렵지 않을 것 같아요. 엄마가 갑자기 영어로 말하면 아들이 어리둥절해하겠지만 그래도 시작하렵니다. 더 이상 미룰 수는 없어요!

- 공감셀러 님

막연하게 아이에게 영어 공부를 시켜야지 했는데 모국어처럼 영어도 듣기부터 해야 한다는 원더지니쌤의 말에 정신이 번쩍 들었어요. 생각해 보니 우리도 모국어를 ㄱ, ㄴ, ㄷ부터 배우지 않고, 듣기를 먼저 하고 말하기 시작하는데 영어는 왜 순서를 바꿔서 파닉스부터 한 걸까요. 이 교육법을 내 아이에게도 답습할 뻔했다니! 이제라도 알게 되어 너무 다행이에요.

원더지니쌤이 알려 준 영어 동요 틀어 주기, 영어로 말 걸기, 영어로 놀이하기 등은 손쉽게 아이에게 해 줄 수 있을 것 같아요. 두려움을 갖지 않고 지금부터 바로 시작해야겠어요.

- 튼튼엄마 님

영어를 모국어처럼 말하는 아이의 비밀

"제롬이는 어떻게 그렇게 영어를 잘해요? 저희 영어 선생님이 제롬이가 영어 천재라고, 어머님께 꼭 연락해 보라고 했어요."

작년에 6세였던 둘째 아이 제롬이 다니는 어린이집 원장님을 만났습니다. 원장님은 어린이집 학부모님들을 대상으로 한 강의를 부탁하셨습니다.

첫째 아이 유리가 3세가 되었을 때 처음으로 영어를 들려주기 시작하고 나서 7년이 되었습니다. 저는 아이가 영어와 한국어, 두 개의 모국어를 갖기를 간절히 꿈꾸었습니다. 첫째 아이와 둘째 아이, 두 아이의 영어 실력이 발전할 때마다 매순간 놀라웠고 행복했습니다.

가장 중요하게 생각했던 것은 '영어 소리의 노출'입니다. 밥을 먹어야 힘을 쓰듯이, 인풋(Input)이 있어야 아웃풋(Output)이 생긴다는 말을 저는 주변 사람들에게 자주 했습니다. 대학생들에게 영어 회화 강의를 하면서는 학생들이 영어 회화를 책으로만 배우려는 모습이 아이러니하게 느껴졌습니다.

저는 대학교 3학년을 마쳤을 때 캐나다 캘거리로 어학 연수를 갔습니다. 그때 들어간 반에서 만난 멕시코 친구가 너무나 유창하게 영어를 했습니다. 어떻게 하면 그렇게 영어를 잘할 수 있는지 물었더니, 그 친구는 오전 수업만 듣고 일찍 집에 가서, 홈스테이를 하는 곳의 가족과 영어로 대화한다고 했습니다. 남는 시간에는 현지 텔레비전 방송을 보고 영어책을 읽었다고 합니다. 그 말은 입시와 학점 때문에 치열하게 공부만 하고 살았던 제 생각을 송두리째 바꿔 놓은 계기가 되었습니다. 수업을 듣거나 공부하는 시간은 최소화하고 일상을 영어에 노출시키는 일이 더 필요하다는 생각을 했습니다. 그때부터 저는 언어로서의 영어와 학습으로서의 영어를 철저히 분리했고, 영어를 잘하기 위해 최선을 다해 '놀 궁리'를 했습니다.

이민자의 나라답게 2개 국어가 자유로운 캐나다 아이들, 한 나라 안에 공식 언어가 4개나 되는 스위스 친구들을 보면서 '이중 언어자'에 대한 영감을 받았습니다. 그들을 만나지 못했다면 두 개의 모국어가 가능하리라고 생각하지도 못했을 것입니다. 그때 저는 막연히 꿈꿨습니다.

'나중에 내 아이는 이중 언어자가 될 수 있도록 도와줘야지.'

아이가 일상에서 영어를 늘 접할 수 있도록 환경을 조성해 주었습니다. 그 외에도 아이 수준에 맞춘 영어로 말을 건네며 상호작용을 해 주었습니다. 엄마와 영어로 상호작용을 하면 아이는 생각의 표현과 소통의 수단으로서 영어를 사용합니다. 아이의 영어 듣기가 충분히 되었을 때, 엄마가 영어로 말하는 상호작용은 아이를 영어로 말하는 촉진제가 됩니다.

한국어, 영어 두 언어를 자유롭게 바꾸어 쓰는 아이들의 모습에, 영어를 모국어처럼 가르칠 수 있다는 확신이 생겼습니다. 그리고 이 좋은 방법을 아이의 영어 교육으로 고민하는 모든 엄마들에게 전파하고 싶습니다.

오늘날 자녀를 둔 엄마라면 누구나 영어 교육에 관심이 많습니다. 영어를 잘하라고 공들이고 투자하는데도 영어 말하기는 왜 이리 안되는지 모르시는 엄마들이 많으실 것입니다. 이 책에 담긴 듣기를 통한 영어 공부법을 따라 해 보십시오. 말하기를 잘하는 아이를 키우기 위한 저의 경험에서 비롯한 실제적이고 효과적인 방법을 담았습니다. 영어로 된 '해리 포터' 시리즈 같은 책만 잘 읽는 아이가 아닌, 영어 듣기를 잘하고, 말하기도 잘하는 아이로 이끄는 방법을 알려 드리겠습니다.

책의 구성은 영어가 듣기에서 말하기로 확장되어 가는 순서대로 되어 있습니다. 어떻게 듣기가 말하기가 되는지 확신을 가질 수 있도록, 먼저 우리 뇌의 모국어 습득 방식을 정리했습니다. 엄마가 아이와 영어로 상호작용을 할 때 실제 활용할 수 있는 영어 표현도 실었습니다.

'아이의 영어 공부는 파닉스부터'가 아닙니다. 엄마가 배워 왔던 방식대로 알려 주면 아이의 영어 말하기는 영영 빛을 내지 못할 수도 있습니다. 다시 한 번 말씀드리지만 '영어만큼은 자신 있는 아이'가 되는 첫 번째 단계는 '듣기'입니다. 듣기를 먼저 시작하면 자신 있게 영어로 말하는 아이가 됩니다.

이진희

차 례

1장 초등 영어 듣기, 왜 중요할까 🎧

2장 평생 쓰는 영어로 만드는 듣기 🎧

3장 원어민처럼 말하는 아이는 이렇게 듣는다 🎧

4장 쉽게 따라 하는 영어 듣기 비법 🎧

5장 충분히 들었다면 이렇게 활용하라 🎧

6장 영어 듣기에 도움을 주는 것들 🎧

7장 알아서 굴러가는 영어 듣기 습관 🎧

Are you ready?

You can do it!

1장
초등 영어 듣기,
왜 중요할까

【01】

영어도 모국어처럼
습득해야 한다

내 아이가 영어만큼은 자유롭게 쓰고, 자신 있게 말할 수 있도록 만들어 주고 싶다.

딸아이를 키울 때, 육아 일기장에 적었던 글입니다. 이 땅의 많은 엄마들이 자녀가 영어를 잘했으면 하고 꿈꿉니다. 특히 영어에 자신 없는 엄마일수록 그 간절함은 커지고, 영어를 자신 있게 말하는 모습을 아이에게 투영합니다.

얼마 전 동네 엄마들과 모임이 있었습니다. 엄마들이 모여 이야기 할 때 절대 빠지지 않는 화두 중 하나도 '영어 공부'입니다. 모임 분위기가 무르익어 가니, 자녀들을 영어 유치원에 보내는 두 엄마가 이구동성으로 속마음을 말합니다.

"내가 영어를 못해서 우리 애들은 잘했으면 좋겠어."

연 1,500만 원에 달하는 영어 유치원비는 이러한 엄마의 꿈이 있기에 감내해야 하는 비용이고, 그마저도 입학하려면 대기해야 합니다. 영어 유치원에 합격하면 로또 당첨에 버금가는 기쁨이 찾아옵니다. 그 마음은 충분히 헤아려집니다. 영어를 잘하는 아이로 키우고 싶은데 방법을 모르니 기관에 의지할 수밖에 없는 것이지요.

│ 모국어처럼 습득하는 영어

어떻게 하면 아이가 영어를 잘할 수 있을까요? 마치 모국어를 하듯이요. 그러고 보니 모국어는 어떻게 습득하는지 궁금증이 생깁니다. 우리는 모두 '한국어 네이티브 스피커'입니다. 기초 교육인 초등 교육조차 받지 못한 그 옛날 할머니, 할아버지도 한국어는 다 잘하십니다. 먹고 살기도 힘든 시절, 학교에 다니지 못해서 비록 글은 못 읽으실지언정, 말씀은 잘하시지 않습니까. 그러면 듣기와 말하기도 학습하지 않아도 잘할 수 있지 않을까요?

아이가 언어를 받아들이는 순서는 이러합니다.

① 듣기와 옹알이를 한다.

② 듣기와 한 단어 말하기를 한다.

③ 듣기와 '단어와 단어가 결합한 말하기'를 한다.

육아 일기를 다시 들여다보았습니다. 아이는 200일쯤 의미를 모르고 '엄마', '맘마'를 말했습니다. 9개월에 '아니야', '됐다'와 같은 한 단어를 말했습니다. 10개월 반이 되니 엄마, 아빠 이름을 말할 수 있고, '안녕', '빠빠'라며 손을 흔들었습니다. 17개월이 돼서는 '이게 뭐야, 다 왔다, 물, 맘마, 아가, 꿀꿀, 음매, 없어, 똑딱' 같은 한 단어 말하기를 뿜어냈습니다. 18개월이 되어서는 '엄마 좋아요, 엄마 예뻐요, 물 주세요, 똥 쌌어요' 같은 단어와 단어가 확장된 말을 했습니다. 이후부터 아이의 말하기는 놀라운 속도로 발달했습니다. 아이의 말하기는 '옹알이 → 단어, 단어와 단어'의 순서로 확장되었지만, 이 모든 단계에서 필요한 게 있었습니다. 바로 '듣기'입니다.

가르치지 않아도 이렇게 잘하는 모국어의 습득 원리는 무엇일까요? 지금도 영어 교육에서 많은 영향력을 끼치고 있는 언어학자 노암 촘스키(Noam Chomsky)에 따르면, 인간의 뇌에는 **언어 습득 장치**(LAD, Language Acquiring Device)가 있습니다. 인간은 언어 습득 능력을 타고났고, 언어 입력을 통해서 자연스럽게 언어를 습득합니다. 배우지 않아도 문법적 특징을 구별합니다. 이러한 언어 습득 장치는 어린 나이에만 적용됩니다.

내 아이가 벌써 커 버렸다며 걱정할 필요는 없습니다. 언어 습득 능력은 유아기를 지났다고 무 자르듯 잘려 나가는 것이 아니라, 점차 강도가 약해지지만 지속됩니다. 학자들은 아이에게 사춘기가 오는 13세 이후에는 언어 학습이 어렵다고 주장합니다. 이 시기까지를 '결정적 시기'라고 부릅니다. 뒤집어 생각해 보면, 우리 아이들은 여전히 13세 전까지는 학습을 하지 않아도 언어를 모국어처럼 습득할 수 있는 능력이 남아 있습니다. 그런데 현실에서는 아이들의 소중한 언어 습득 능력이 활용되지 못하고 버려지는 꼴입니다.

듣기로 말하기를 먼저 이끌어야 할 6세 어린이가 **파닉스**(Phonics)와 읽기부터 학습합니다. 제일 싫어하는 단어 시험도 봐야 하고, 초등학교 저학년 때부터 문법을 배우기도 합니다. 초등학교 고학년은 이미 입시 영어를 시작합니다. 영어는 수학처럼 학년에 따라 나가야 할 진도가 있는 것이 아님에도 입시 영어를 시작하는 때가 초등학교

• **언어 습득 장치**(LAD, Language Acquiring Device)
인간의 언어 습득 과정에 있어 중심적 역할을 하는 뇌 속의 가상 장치를 말한다.

• **파닉스**(Phonics)
각 영어 단어가 가진 소리, 발음에 대해 배우는 교수법. 즉, 영어 단어를 발음하는 데 필요한 규칙을 학습하는 것을 뜻한다.

6학년에서 4학년으로 앞당겨지는 추세입니다.

그렇다면 우리 아이가 가지고 태어난 언어 습득 장치는 어떻게 아이에게 적용해 볼 수 있을까요?

| 언어 습득 장치의 비결

2014년 1월 어느 날이었습니다. 뇌 발달 관련 책을 읽다가 아이가 24개월까지 언어를 모국어처럼 받아들인다는 사실을 알고 마음이 급해졌습니다. 그때까지 저는 성인부터 초등학생까지 전 연령을 대상으로 영어를 가르쳐 왔지만, 등잔 밑이 어둡다고 20개월짜리 내 아이에게 영어를 가르칠 생각은 하지 못했습니다. 뇌 발달 관련 책을 읽은 그날, 저는 캐나다에 어학 연수를 갔을 때부터 막연히 가졌던 꿈을 다시 꾸기 시작했습니다. 내 아이가 이중 언어자가 되는 꿈을요.

당시 제 주변에는 영유아에게 영어를 가르치는 엄마가 없었습니다. 출근 전 유모차를 밀고 도서관으로 달려갔습니다. 책을 통해 방법을 찾고 싶었습니다. 당시에도 '엄마표 영어'라는 용어는 존재했지만, 관련 책이 많지는 않았습니다. 책 속에서 책 육아와 엄마표 영어라는 키워드로 경험담은 들을 수 있었습니다. 그런데 엄마표 영어에 대한 확신은 생기지 않았습니다. 엄마표 영어 관련 책은 '책 읽는 방법'에 집중하고 있었고, 정작 아이가 영어를 어떻게 하도록 해야 하는지에 대한 방법은 없었습니다.

· 어릴 때부터 엄마표 영어를 한 아이들은 어떤 모습일까?
· 이 아이들은 실제로 영어를 얼마나 잘 말할까?

책 속에 나오는 아이들의 사례를 읽으며 이 두 가지가 너무나 궁금했습니다.

캐나다에서 유학원을 운영하던 한국인 지인 언니의 집에 놀러 갔던 기억이 났습니다. 그분은 영국에 있는 대학을 다니면서 중국인과 결혼하여 캐나다로 이민을 갔습니다. 그 집에서 중국인 아빠와 캐나다인 아기가 유창하게 한국어와 영어를 하던 모습이 떠올랐습니다. 결혼 전 막연하게 생각해 두었던 미래 내 아이의 모습인 이중 언어자가 그곳에 있었습니다. 그때부터 저는 '영어를 모국어처럼 배우는 이중 언어자 아이 키우기' 프로젝트를 본격적으로 시작했습니다.

아이에게 영어를 가르치기 전에 다음과 같은 기준과 목표를 세웠습니다.

① 영어는 '언어'이다.

② 영어를 '모국어'처럼 알려준다.

③ 한국어와 영어를 모두 유창하게 하도록 한다.

둘째 아이는 6세에 90퍼센트 정도 영어를 모국어처럼 말했습니다. 지금은 영어와 한국어를 자유롭게 번갈아 가며 씁니다. 4세에 영어 말하기가 터졌고, 5세 때 리더스북을 그림을 보면서 영어로 요약해 말했고, 6세에는 과학 등 논픽션 주제에 관해 영어로 표현했습니다. 그러나 이때까지는 글은 못 읽고, 영어 단어는커녕 알파벳도 몰랐습니다. 이 시기의 아이가 한글을 읽고 쓰지 못하는 것처럼 말입니다. 둘째 아이가 영어를 잘하게 된 것은 모국어처럼 영어 듣기부터 습득했기 때문입니다.

아이가 유치원생이거나 초등학교 저학년이라면 영어 듣기부터 시작하는 방법을 온 마음을 다해 추천합니다. 아이를 정말 영어 능력자로 만들려면 듣기부터 시작해야 합니다. 아이 뇌에는 숨겨진 비밀이 있어, 힘 안 들이고도 저절로 언어를 습득하는 능력이 있습니다. 그래도 여전히 아이의 언어 습득 능력은 무시하고 단어부터 외우고 파닉스와 읽기부터 하면서 힘들게 영어를 학습시킬 것인지요?

【02】

뇌 발달에도 좋은
영어 듣기

앞에서 언어를 듣기부터 시작하는 것이 모국어 습득 방식이라고 했습니다. 그런데 두 개의 언어를 사용하면 좋은 것이 또 있습니다. 바로 아이의 뇌 발달입니다.

우리 엄마들은 아이 두뇌 발달에 좋다면 많은 것을 해 주고 싶어 합니다. 몇 백만 원짜리 교구와 수업이 엄마들에게 꾸준히 사랑을 받는 이유입니다. 저 역시 아이가 뱃속에 있을 때부터 뇌 발달에 좋다는 것은 다 해 주고 싶었습니다. 아름다운 글이 적혀 있는 책을 읽어 주며 말을 걸고, 일주일에 한 번씩 아빠도 초청해 태교로 동화를 읽어 주었습니다.

첫째 아이, 유리가 태어났습니다. 아이에 관한 발달 서적을 열심히 읽었습니다. 육아서에는 모유를 먹은 아이의 아이큐(IQ)가 분유를 먹은 아이보다 높다고 쓰여 있었습니다. 두 번의 출산 모두 6주 동안의 짧은 육아 휴직을 했지만, 두 아이 모두에게 1년 동안 완모(완전 모유 수유)를 했습니다. 엄마가 해 줄 수 있는 선에서는 뭐든지 해 주겠다는 생각이었지요.

첫째 아이가 7세일 때, 도서관에서 열린 요리와 종이접기 수업을 들었습니다. 식재료에서 다양한 촉감을 느낄 수 있는 요리 수업과 손가락 운동으로 소근육 발달을 키울 수 있는 종이접기 수업 모두 아이 두뇌가 자극되고 발달되기를 바라는 마음에서 선택했습니다.

| 외국어인 영어를 배운 뇌의 변화

모국어 이외의 언어 소리에 노출된다면 우리 아이 뇌에는 어떠한 일이 생길까요? 모국어인 한국어와 외국어인 영어를 만 7세 이전에 배운 학습자의 뇌를 예로 들어 보겠습니다. 영어 두뇌 전문가 박순 선생님의 책 《아이의 영어두뇌》에서 인용한 미국 코넬대학교에서 발표한 학술지의 일부입니다.

우리 뇌에는 언어를 말이나 글로 표현하는 역할을 주로 맡는 '브로카 영역'이 있습니다. 7세 이전부터 영어를 익히고 배운 학습자의 브로카 영역에 새겨진 모국어와 외국어 회로를 fMRI 장비로 찍어 보았습니다. 이 학습자는 모국어와 외국어에 모두 유창했기 때문에 브로카 영역에서 두 언어가 처리되는 회로가 대부분 겹쳤습니다. 그리고 11세 이후에 외국어를 배운 학습자의 브로카 영역 회로 영상을 촬영해 보았습니다. 이 학습자의 브로카 영역에서는 모국어와 외국어를 처리하는 부위가 완전히 분리되어 있습니다.

브로카 영역(Broca's area)에 모국어와 외국어를 처리하는 영역이 별도로 있다는 것은 모국어에 비해 외국어가 유창하지 못해 불편함을 느끼고 있다는 뜻입니다.

뇌에는 또한 언어의 이해를 담당하는 '**베르니케 영역**(Wernike's area)'이 있습니다. 11세 이후 외국어를 배워서 외국어가 유창하지 못해 불편함을 느끼는 학습자도, 베르니케 영역에서는 모국어와 외국어 회로가 거의 겹쳐 있다는 점이 발견되었습니다.

> • **브로카 영역**(Broca's area)
> 두뇌 좌반구 하측 전두엽에 위치한 영역으로, 언어의 생성 및 표현, 구사 능력을 담당한다.
>
> • **베르니케 영역**(Wernike's area)
> 대뇌 피질 좌측 반구에 위치한 언어 중추 중 한 영역으로, 언어의 의미를 이해하는 기능을 담당한다.

즉, 11세 이후 학습자가 외국어를 이용해 말을 표현하는 데는 불편함을 겪고 있지만 모국어와 외국어 모두 귀로 듣거나 글로 읽어서 이해하는 데는 별 문제가 없다는 뜻으로 해석할 수 있지요.

이렇게 7세 이전에 외국어 학습을 시작한 아이는 모국어인 한국어와 외국어인 영어를 처리할 때, 말을 표현하는 역할을 하는 브로카 영역에서 같은 회로가 활성화됩니다.

영어에서 우리말과 비슷한 브로카 영역을 동원할 수 있는 방법이 있습니다. 하나는 엄마와 아빠의 국적이 다른 아이처럼 두 가지 언어를 아이가 엄마 뱃속에서부터 매일 접하는 것입니다. 아니면, 엄마가 책을 읽어 주어 아이의 브로카 영역을 자극해 줄 수도 있습니다.

가장 쉽고 빠른 방법인 책 읽어 주기를 통해서 뇌의 말하기 영역을 모국어와 동일하게 활성화해 줄 수 있습니다. 따라서 부모가 책을 읽어 주어서 영어 소리에 노출된 아이는 영어를 모국어처럼 말할 수 있음이 입증된 것이지요.

【03】

영어 잘하는
아이들의 공통점

　'파닉스와 읽기'의 학습식 대신 '듣기'를 먼저 시작해서 '말하기-읽기-쓰기'의 순서로 언어를 배운 아이들은 어떤 영어 성향을 가질까요? 다음 그림을 보십시오. 파닉스를 먼저 시작하는 유형과 듣기를 먼저 시작하는 유형을 기준으로 영어를 습득하는 방법을 네 가지 유형으로 나누어 보았습니다.

[파닉스를 먼저 하는 유형]	[듣기를 먼저 하는 유형]
1. 파닉스 → 읽기 + 문법	3. 듣기 → 말하기
2. 파닉스 → 읽기 + 듣기	4. 듣기 → 읽기

1번 '파닉스 → 읽기 + 문법' 유형을 잘 보면 익숙하고 편안하실 것입니다. 왜냐고요? 바로 우리 엄마들의 영어 공부가 대개 이렇게 시작했기 때문입니다. 물론 1990년대에서 2000년대에 중학교를 입학하고 처음 영어 수업을 들었을 세대에는 파닉스 대신 발음 기호가 있었죠. 소리를 듣지 못하고 기호로 읽어 낸다는 게 참 아이러니하지 않습니까?

| 기계적인 영어 학습 유형

그 시절 중학교 영어 교과서의 1과 본문입니다.

Hi. Young-soo. How are you? (안녕, 영수야. 어떻게 지내?)
I'm fine. Thank you. And you? (나는 잘 지내. 고마워. 너는?)

우리는 기계적으로 패턴을 암기했죠. 나중에 알게 되었지만, 실제 영미권 사람들은 저런 패턴대로 말하지 않았습니다. "Good. How are you?" 정도면 되고, 그조차 사실은 큰 의미 없이 하는 인사말이었을 뿐 정말 상대방 기분이 궁금해서 물어보는 것은 아니었죠.

특히나 초등학생들은 "How are you?"라고 인사하면, 부끄러워서 몸을 비비 꼬며 대답하지 못합니다. "Hi."에서 인사가 끝났다면 아이도 "Hi."로 시원시원하게 인사를 마무리했을 텐데 제가 "How are you?"라고 한 번 더 물으니, 또 대답하기 위해 생각할 시간이 필요하네요.

한국 아이들의 답변 중에는 "그냥 그래요."라는 "So so."도 많이 있습니다. 기분이 특별히 좋지도 나쁘지도 않은 것을 표현하고 싶은 것이 아닐까 짐작하지만, 실제로는 사용 빈도가 낮은 말이라 가급적 하지 않았으면 합니다.

이렇게 기계적으로 읽고 독해하고 단어를 영한으로 외우고 문법을 공부하며 구문 분석을 하면 어떤 일이 벌어질까요? 맞습니다. 수능과 내신에서 1등급을 받을 수 있습니다. 토익 리딩 파트에서 495점 만점도 받을 수 있습니다. 토플과 텝스 등 각종 영어 공인 시험도 싹쓸이할 수 있겠죠. 이것은 우리 엄마들 세대가 해 온 영어이고, 여전히 지금 대학생에게 중요한 토익 시험과 대입에 필요한 수능, 내신용 영어입니다. 시험을 잘 보고 싶다면 이렇게 영어를 공부하면 됩니다.

그렇다면 말하기는 어떻게 할까요? 이렇게 영어를 학과목 또는 시험 대비 과목으로 공부한다면 원하는 점수는 얻을 수 있겠지만, 소통의 능력을 발전시키기는 어렵습니다. 그리고 마음속에 영어에 대한 콤플렉스는 사라지지 않겠지요.

┃ 시험을 위한 영어 학습 유형

그럼 2번 '파닉스 → 읽기 + 듣기' 유형은 어떨까요? 파닉스 학습이 끝나면 읽기 단계로 들어갑니다. 듣기도 같이 시작합니다. 역시 파닉스와 듣기 반이 있다는 것은 단어 시험도 함께 시작한다는 뜻입니다. 듣기도 잘하고 문제집 지문의 난이도도 상당한 수준이고 어휘도 많이 알고 있습니다. 영어를 잘한다는 말도 듣습니다. 이것도 익숙하시지요? 대형 어학원과 프랜차이즈의 수업 방식입니다. 아이들이 어학원을 다닌 지 2~3년쯤 지나면 읽기와 듣기도 잘하고 문제도 잘 풀고 단어도 많이 외웁니다. 원어민 선생님 수업도 있어서 말하기도 잘할 것 같습니다.

그런데 2020년 코로나바이러스감염증-19(이하 '코로나 19'로 약칭)로 학교와 학원에서 온라인 수업을 하게 되었지요. 오프라인 수업을 그대로 온라인 수업으로 옮겨 놓은 것입니다. 선생님은 뜻하지 않게 오픈 클래스를 하게 되었고, 학부모는 아이가 수업하는 모습을 지켜볼 수 있게 되었습니다.

초등학교 2학년 자녀를 대형 어학원에 보내는 한 친구를 만났는데, 아이가 줌(Zoom)으로 학원 수업을 받는 모습을 직접 보고 불만이 많았습니다. 무엇이 문제였을까요? 아이가 영어 수업을 1회에 2시간 동안 듣는 동안 영어로 단 한 번 말했던 것입니다. '영어 학원에 가면 영어로 말도 많이 하고 오겠지.'라고 친구가 생각했지만 실제가 너무 달랐던 것이지요. 학원에서 원어민 선생님은 다만 교재 진도를 나가고, 단어 시험을 내고, 채점한 것입니다. 또 친구는 온라인으로 원서를 읽고 문제 푸는 숙제도 불만이었습니다. 영어책을 모니터 화면으로 읽고 문제를 풀어야 하는데 아이가 어려워해서 싫어한다는 것입니다.

그런데 영어는 중요하고, 친구는 직장에 다니니 현실적으로 어학원만큼도 봐줄 수 없고, 동네에서 제일 유명하고 좋다는 학원이기는 하니, 울며 겨자 먹기로 보내고 있었습니다. 친구는 지금도 학원에 대한 신뢰는 없지만 저녁마다 아이의 단어 암기 숙제를 봐 주고 있습니다.

| 익숙한 영어 습득 유형

4번 '듣기 → 읽기' 유형은 영어책을 읽어 주고 들려주며 영어를 시작하고, '아이 스스로 영어책 읽기'로 확장시키는 전형적인 엄마표 영어 방식입니다. '듣기 → 읽기'를 통해 '말하기와 쓰기'로 확장됩니다. **그림책, 리더스북**(Leaders book), **챕터북**(Chapter book)으로 이어지는 영어책 읽기의 대전제는 같습니다. 바로 '엄마가 책을 읽어 주고 들려주

어 영어에 대한 충분한 노출을 통해서 자연스럽게 영어를 습득한다.'
입니다. 저도 이 매력에 흠뻑 빠져 지금까지 7년간 매일 책을 읽어 주
고 있지 않습니까? 그리고 이렇게 아이가 영어를 습득하는 방법의 효
과를 알기에 그것을 책과 강연을 통해 널리 알리고 싶었습니다.

그런데 엄마표 영어에 관해 조사하다 보니 한 가지 아쉬운 점이
있었습니다. 많은 아이의 경우에 자연스러운 영어 노출이 영어책 읽
기로 이어지는 것은 맞습니다. 그러나 아이에게 영어책 좀 읽힌 분
이라면 알겠지만, 책을 잘 읽게 된 후 말하기로 자연스럽게 확장되
는 것은 참 힘든 일입니다.

이제 남은 것은 가장 중요한 3번 '듣기 → 말하기' 유형입니다. 듣기
후 파닉스와 읽기를 시작하기 전에 말하기가 먼저 나오는 것이지요.
즉, '듣기-말하기' 후 '읽기-쓰기'로 확장이 됩니다. 바로 모국어 습득
방식과 같습니다.

· 그림책
그림이 많아 아이들의 흥미를 끌기 좋은 책으로 라임이 맞고 생생한 어휘가 많아 표
현이 다채롭다. 픽처북(picture book)으로도 불린다.

· 리더스북(Leaders book)
그림책 단계에서 넘어가 글이 조금 더 많은 책이다. 기본적인 표현을 익히기 좋다.

· 챕터북(Chapter book)
말 그대로 챕터로 나뉜 이야기 책으로 글밥이 많아 읽기가 되는 아이들이 읽는 책이
다. 문장의 구조와 주제가 복잡하다.

| 확장이 가능한 영어 습득 유형

'엄마표'든 '학원표'든 영어를 꾸준히 공부한 아이들이 공통적으로 겪는 어려움은 말하기입니다. 말하기에 대한 답을 학습을 통해 찾으려고 하면 더욱 어렵습니다. 아이도 어른도 말하기에 대한 답은 학습이 아닌 듣기에 있습니다.

예로 들어, 저는 1990년대 중학교 1학년 때 처음 영어 수업을 들었던 수능 세대입니다. 대학교에서 영어와 영어 교육을 전공하기 전까지는 특별히 영어로 말해 본 적도 없었습니다. 그런 제가 어떻게 서울대학교 학생에게도 회화와 토익을 가르치게 되었을까요?

대학교 3학년을 마치고 캐나다에서 캠브리지(Cambridge) FCE 과정을 준비하며 1년을 보냈습니다. 정확하게는 '놀며' 준비했습니다. '반드시 영어를 잘하고야 말겠다.'라는 포부를 가지고 제가 1년간 가장 중점을 둔 것은 '가능한 한 많은 사람과 만나 영어로 대화하는 것'이었습니다. 그래서 틈만 나면 사람들을 만나서 놀았습니다. 공원에서 인라인스케이트를 타고, 펍에 가고, 파티·캐나다인 교회 청년 모임·자선모임도 가고, 그들 방식대로 음식도 먹고 캐나다 사람처럼 행동했습니다. 캐나다 사람들을 비롯해 다른 외국인과 만나서 놀려니 영어를 알아들어야 했고, 영어로 말을 해야 했습니다. 철저히 소통의 수단으로서 언어의 기능이 필요했던 것입니다.

그전까지 영어는 학과목이었고, 전공 과목이었고, 공부의 대상이었죠. '도서관에서 하는 공부는 한국에 가서 하자.'라고 마음먹고 철저히 한국어를 쓰지 않고, 영어가 내 언어가 되도록 머릿속 생각부터 영어로 하기 시작했습니다. 그랬더니 재미있는 습관이 생겼습니다. 말하기 전에 머릿속에서 계속 영어로 말이 떠오릅니다. 한국에 와서 한국말을 하고 들을 때도 먼저 영어로 바꾸고 있습니다.

제가 영어 회화 강의에서 발음을 가르칠 때 성인도 발음을 교정할 수 있느냐는 질문을 받았습니다. 대답은 "할 수 있습니다."였지만, 엄밀하게 말하자면 100퍼센트는 아닙니다. 모국어에 익숙해진 뇌가 모국어에 없는 발음은 쉽게 구별하지 못합니다. 그러니 성인은 발성이 되는 혀의 위치와 입 모양과 소리를 배우는 등의 엄청난 노력이 필요한 것이지요.

그러나 우리 아이들은 성인이 들을 수 없는 발음도 다 알아들을 수 있습니다. 앞에서 우리 아이의 뇌에 언어 습득 장치가 있다고 했습니다. 아이에게 듣기를 통해 충분히 영어 노출을 시킨 뒤, 바로 읽기 학습으로 넘어가지 말고 먼저 말하기로 이끌어 줍시다. 구체적인 방법은 추후 3장에서 다루겠습니다.

Are you ready?

You can do it!

2장
평생 쓰는
영어로 만드는 듣기

[01]

듣기가 충분하면
파닉스 없어도 된다

아이가 영어책 낭독을 밥 먹듯이 매일 반복해서 들으면 그 책이 외워집니다. 반복된 듣기로 책의 그림만 보며 '책 읽기 아닌 책 읽기'를 시작하기도 합니다. 지금 7세인 둘째 아이도 3세 때부터 그림을 보며 말하기를 시작했습니다. 아이가 말하는 내용을 들어 보면 정말 책을 읽어 주는 것인지 착각할 정도로 책에 쓰인 대로 똑같이 읽어 내기도 합니다. 그러면서 아이는 가끔 "여기 뭐라고 쓰여 있는 거야?" 하면서 글자를 궁금해하기도 합니다.

첫째 아이가 초등학교에 입학하기 전 해야 할 일로 '영어책 읽기'를 계획을 세웠습니다. 다만, 영어책 읽는 단계를 높일 때 미리 계획을 세우고 그에 맞춰서 진도를 나가지는 않았습니다. 아이가 흥미를 보이는 책을 위주로 어릴 때 읽었던 책을 읽고 또 읽었습니다. 아이가 챕터북에도 흥미를 보이면 도전했습니다. 영어책 읽기는 약간의 연습이 필요하기에 목표치를 정해야 했습니다. 너무 어린 나이에는 영어책 읽기를 서두르지 않았고, 초등학교에 입학하기 전에는 '한글 떼기'는 해서 학교에 보내야 한다는 목표처럼 영어도 그렇게 했습니다.

| 세계 모든 엄마들의 바람

얼마 전, 캘리포니아에 살고 있는 미국인 친구가 페이스북 메신저로 말했습니다. 친구는 초등학교 입학을 앞둔 자신의 딸에 대해 고민을 토로했습니다.

Are your kids fluent in English already? I'm starting phonics with my daughter and it's hard. She doesn't have much vocab in English and goes to school next year. So the pressure is on!

(너네 아이들은 벌써 영어를 잘해? 우리 딸은 이제 파닉스를 시작했는데 너무 어려워해.

딸아이는 영어 단어도 많이 모르고, 내년에 학교 들어가. 너무 스트레스야!)

아이가 초등학교에 들어가기 전에는 반드시 '읽기 떼기' 해야겠다는 엄마의 의지는 동서양 모두 같은가 봅니다. 단지 영어가 모국어인 미국인이라고 해서 아이에게 일찍부터 파닉스와 영어 읽기를 가르치는 것은 아닙니다. 오히려 우리나라 영어 유치원에서 아이들이 영어로 말하기도 전에 5~6세부터 파닉스를 시작하지요.

첫째 아이는 저와 함께 알파벳이나 파닉스를 배운 적이 없습니다. 오로지 영어책 듣기의 힘으로 영어 읽기를 뗐습니다. 첫째 아이는 영어책을 반복해서 보고 듣다가 그림을 보고 말할 수 있게 되었습니다. 거기에서 조금 더 나아가 글씨와 소리를 연결하는 과정을 거쳤습니다. 이때부터 저는 영어를 들려주는 시간에 글자를 손가락으로 짚어 가며 알려 주었습니다. 이 글자에서 이런 소리가 난다는 것을 스스로 터득하기를 바랐습니다. 조금 더 재미있게 글자를 알려 주기 위해서 포인터용 펜도 샀는데, 아이와 함께 문구점에 가서 펜을 사면서 "이것은 네가 영어책을 읽을 때 쓸 펜이야."라며 의미를 부여해 주었지요.

이때는 글밥이 적고 글자 크기가 크며 글이 두 줄 정도인 책이 좋습니다. 그래서 저희 첫째 아이가 당시 7세였지만 4세 때 보았던 책으로 활용했습니다. 그 책은 무수히 많이 보고, 듣고, 노래로 불러서 아이에게 익숙했고, 소리에 글자를 매칭만 하면 되었으니까요. 어떻게 보면 글씨를 읽는다기보다 소리에 글자를 맞춘다는 표현이 더 맞겠습니다.

| 읽기 연습에 도움을 준 리더스북

초기 리더스북 중 '스텝 인투 리딩(Step into reading) 시리즈' 2단계도 읽기 연습에 도움을 많이 받았던 책입니다. 전집 중에 아이들에게 독보적으로 사랑을 많이 받는 책이 한두 권 있다면 이제 빛을 볼 때입니다.

제 아이들은 《The teeny tiny woman(아주 작은 여자)》와 《Tiger is a scaredy cat(겁쟁이 고양이의 이름은 호랑이)》 두 권을 참 좋아했습니다.

《The teeny tiny woman》는 아주 작은 여자가 아주 작은 집에서 살다가 어느 곳에 가서 유령의 뼈를 훔쳐 옵니다. 그런데 그 뼈의 주인이 쫓아 와서 내 뼈를 돌려 달라며 울부짖고, 공포에 질린 아주 작은 여자는 냉큼 뼈를 돌려주지요. 여기서 이야기는 끝납니다. 허무하지요? 그런데 아이들은 좋아하는 이야기입니다. 아주 작은 여자가 귀엽고, 뼈를 돌려 달라는 유령의 목소리가 무섭기도 해서 푹 빠져 들지요. 아이들이 이 책을 읽을 때는 유령의 저음을 똑같이 흉내 내며 읽습니다. 가끔 아이들에게도 엽기와 호러 코드가 통할 때가 있습니다.

《Tiger is a scaredy cat》은 같은 시리즈물에서 타이거라는 이름을 가진 겁쟁이 고양이가 쥐를 무서워하지만 엄마 아빠를 잃은 새끼 쥐를 위해 무서움을 이기고 부모를 찾아 준다는 이야기입니다. 이 책은 저희 아이들이 한동안 매일 읽은 잠자리 책이자, 영어 읽기를 연습하는 책이었습니다.

| 학습에 필요한 재미 요소

영어 읽기만을 위한 영어책도 있습니다. 유명한 영어 리딩 전용 리더스북을 샀습니다. 그런데 아이의 반응이 영 시원찮았습니다. 영어책을 좋아하는 아이인데 저와 소리 내어 책 읽기를 하면서도 즐거워 보이지 않았습니다. 책은 파닉스 규칙을 가르치기 위해 같은 라임이나 음원끼리 의도하여 모아 놓은 문장으로 구성되어, 이야기가 주는 독특한 재미가 없었던 것입니다.

아이와 책으로 영어를 습득하면서 가장 중요하게 여겼던 것은 '재미'였습니다. 그런데 그 전집은 우리 아이와 맞지 않았습니다. 그러한 판단이 서면서 더는 그 전집을 활용하지 않았습니다. 우리 집에 왔던 대부분의 책이 아이에게 사랑을 받았지만, 그 전집은 그러지 못했습니다. 재미있는 이야기가 없었으니까요.

영어 영상물 중에 파닉스 학습용 만화도 있습니다. 유명한 공구 카페에서 정보를 접하고 궁금해하며 그중 하나를 집에 들였습니다. 이 영상물을 통해 아이가 알파벳에 친숙해지는 정도의 도움은 되었으나, 아이가 영상 자체에 더 재미를 느껴서 크게 효과를 보지는 못했습니다.

오히려 생각지도 못한 곳에서 아이의 영어 성장에 도움을 받았습니다. 바로 어린이집에서 특별 활동으로 했던 영어 수업입니다. 첫째 아이는 어린이집에서 특별 활동으로 영어, 미술, 체육 등의 수업을 받았습니다. 어린이집에서는 보통 영어 수업이 있다고 하면, 파닉스를 가장 많이 가르칩니다. 보통은 아이가 어린이집에서 영어를 배워도, 영어 유치원 졸업생이 아닌 이상은 초등학교 입학 후에 영어를 배우지 않았던 아이와 같은 레벨에서 시작합니다.

그래서 어린이집에서 사용하는 영어책이나 파닉스 책을 집으로 가져올 때 한 번씩 보면서 '자음을 배웠구나, 단모음을 써 봤구나' 하고 알아두었을 뿐 별로 기대하는 바는 없었습니다. 그런데 이미 듣기로 영어를 익혔던 아이가 7세에 파닉스로 자음의 음가를 배우니 영어 문장 읽기는 더 일취월장했습니다.

아이가 읽기를 떼고, 읽기 독립은 오래 걸리지 않았습니다. 제가 첫째 아이와 같이 했던 활동은 '영어책을 나눠 읽고 녹음하기'였습니다. 한글 읽기를 연습할 때처럼 책을 나눠서 소리 내 읽는 것이지요.

영어책 중에 대화문으로 구성된 'An elephant and piggie book(코끼리와 피기 책)'이라는 시리즈물이 있습니다. 아이는 엄마가 '피기', 자기가 '제럴드'라며, 역할을 나눠 책을 읽고 녹음하는 것을 무척이나 좋아했습니다. 초등학교 1학년 초반에 집에서 저와 많이 했던 활동이기도 합니다.

딸아이와 저는 책의 음원처럼 똑같은 말투로 연기해서 재미있게 녹음했습니다. 녹음 파일을 이동 중이나 잠자리 독서 때 다시 듣기도 하고, 모르는 발음은 다시 책의 음원을 들어 확인하면서 재미있게 말하기 연습을 했습니다. 그리고 나중에 영어책을 읽어 주는 유튜브를 하자고 약속도 했습니다. 약속은 꼭 지킬 생각입니다.

[02]

아이를 믿고 기다리면
귀가 트인다

영어 학원을 운영하는 원장님들이 모인 인터넷 카페에 종종 들러 글을 읽고는 합니다. 어느 날 대응하기 힘든 학부모에 관한 주제로 글이 올라와서 댓글을 보고 있었습니다. 원장의 주된 일 중 하나가 학부모와 상담하는 일입니다. 해당 글 속 원장님의 고충은 이렇더군요. 학부모가 "3개월이면 파닉스를 다 뗀다고 하더니 아이가 왜 아직도 영어를 못 읽느냐."라고 학원에 항의했던 것입니다.

아이마다 학습 능력과 성향이 다릅니다. 학습에 관심이 있는지, 동기 부여가 잘된 아이인지, 언어적 감각이 있는지 등 천차만별입니다. 3개월이라고 정해 놓고 파닉스 마스터 기간을 제시하는 것도, 3개월이 지나도 글을 못 읽는다고 학습에 문제가 있다고 판단하는 것도 이 모든 사실을 간과했기 때문입니다.

│ 비결은 포기하지 않는 꾸준함

엄마들은 아이의 영어 학습에 빠른 성과가 나타나길 기대합니다. 단어 암기, 읽기, 문제 풀이 등 성과를 눈으로 확인할 수 있는 영어 학습도 그러한데, 과연 엄마표 영어는 어떨까요? 엄마표 영어는 성과를 확인할 길이 없습니다. 자연스럽게 말하기를 유도해 나가야 하니 그보다 훨씬 시간을 들이고 인내심을 가져야 합니다.

엄마표 영어가 성공하는 핵심은 여기에 있습니다. 바로 포기하지 않고 꾸준히 하는 것입니다. 주변에 엄마표 영어를 하고 있다거나 했다는 사람은 간간히 보입니다. 그런데 엄마표 영어로 성공했다고 하는 사람을 찾기 힘든 이유가 여기에 있습니다. 한두 해 아이에게 영어 학습을 시켰다고 해도 아이의 영어 실력은 꿈쩍도 하지 않을 수 있습니다.

그런데 잘 생각해 보면 원래 언어 습득이 그렇습니다. 세상에 태어난 그 순간부터 아이들은 모국어인 한국말에 노출됩니다. 그리고 본격적으로 말다운 말을 하기까지는 3~4세가 되어야 합니다. 모국어는 힘들게 가르치지 않았고, 원래 그런 것이라고 생각하니 아이가 말이 트일 때까지 기다리기가 힘들지 않습니다. 그런데 영어는 학습이라 생각하니 엄마가 기다리다 끝내는 지쳐 갑니다. 성과가 안 나온다고 생각하는 것이지요.

그러나 항아리에 물이 차야 넘치듯이, 그만큼의 시간과 인풋이 주어지지 않으면 절대로 그 항아리는 물이 넘쳐 나지 않습니다. 항아리가 1퍼센트만 찼든, 99퍼센트만 찼든 넘치지 않는 것은 같기에, 아웃풋이 보이지 않는 것은 당연합니다. 더군다나 그 항아리가 얼마나 찼는지도 당최 보이지가 않습니다. 그래서 아이가 열심히 물을 항아리에 채우고 있어도 엄마는 지치는 것입니다.

학습은 계단식으로 성장합니다. 학습 성과가 학습량에 정비례하는 것이 아니라 계단 모양으로 올라가는 것입니다. 일정한 학습량이 쌓아지기 전까지는 다음 계단으로 올라갈 수가 없습니다. 반대로 자신도 모르는 사이에 쑥 실력이 늘어나 있기도 합니다. 계단을 올라가지 못하고 같은 수준에 머물러 있을 때를 조심해야 합니다. 실력이 늘지 않고 항상 제자리에 있는 것 같은 생각이 들면서, 의욕도 사라지고, 학습에 의심이 들고, 포기하고 싶은 마음도 생깁니다. 그러나 밀어 올리지 못했을 뿐이지 이때도 성장하고 있는 것입니다.

고등학생의 수능 영어 영역을 지도하다 보면 등급이 일정하게 올라가지 않고 유지되는 때가 있습니다. 5등급에서 시작해 3등급까지는 올라갔는데, 3등급에서 더 올라가지 않습니다. 1년이 지나도 점수가 제자리라 속이 상합니다. 그러나 어느 순간 단박에 1등급 점수가 나올 수도 있습니다. 실제로 고등학교 3학년에서 1등급을 받는 학생들이 3등급, 2등급, 1등급 카운트다운 하듯이 일정 기간을 두고 성적이 차례로 오르기보다는 고등학교 1~2학년 내내 2등급이다가 갑자기 1등급이 나오고 이를 유지하는 경우가 많습니다. 등급이 올라가지 않는 동안 지치고 의심했다면 원하는 1등급을 받을 수 없었겠지요.

| 항아리에 물을 채우는 시간

아이가 파닉스를 뗐는데 읽기를 잘 못한다면, 아직 읽기를 할 준비가 안 된 것입니다. 조금 더 짧은 문장을 듣고 읽으면서 연습해야 합니다. 파닉스에 있는 규칙만 가지고는 문장 읽기는 부족합니다. 말하기가 안 된다면 듣기가 채워져야 하거나, 책을 소리 내서 읽는 시간을 더 늘려야 할 수도 있습니다. 확실한 것은 아직 항아리에 물이 충분히 채워지지 않았다는 것입니다. 그러나 기억할 사실은 지금도 아이의 항아리는 차고 있는 중이라는 것입니다.

첫째 아이에게 7세에 영어 거부기가 찾아와서 3개월 동안 영어책을 일절 보여 주지 않았습니다. 섀도우 스피킹이라도 하도록 하고 싶었지만 별로 좋아하지 않았습니다. 다행히도 같은 해에 'Daisy(데이지)'시리즈를 만나 영어 거부기를 잘 넘겼습니다. 그러던 어느 날이었습니다.

아이와 저는 어린이도서관에 갔습니다. 아이는 원하는 책을 이 책저 책 뽑아서 가져왔습니다. 의자에 앉아서 책을 보려고 책상 위에 뽑아 온 책을 쌓아 두었습니다. 그런데 그중 크기가 큰 보드북이 떨어지려 했습니다. 바닥에 떨어지기 직전에 아이가 손으로 낚아채며 이렇게 말했습니다.

"It was close."

"It was close."는 아슬아슬한 상황에서 쓰는 말로 여기에서는 "떨어질 뻔 했다." 정도의 의미가 됩니다. 저는 그 순간 정말 놀랐습니다. 평소에 영어로 말하는 것을 좋아하지 않았던 아이가 자기도 모르게 위기 상황에서 영어가 튀어 나왔으니까요.

그때 저는 확신했습니다. 이 아이가 평소에 영어로 말하기를 좋아하지는 않지만 자기 것으로 만드는 중이었다는 것을요. 그러고 보니 딸은 한국말을 할 때도 그랬습니다. 이 말 저 말 틀려도 툭툭 내뱉는 아들과는 다르게, 딸은 3세 때도 참 정확하게 발음했습니다. 한국어든 영어든 관계없이 말보다는 생각이 많은 내향적 성격인 아이였던 것이지요. 그러나 책 읽기는 참 좋아해서 한글책, 영어책 모두 사랑했습니다. 반대로 아들은 들리는 소리는 모두 말로 표현하는, 표현하기를 좋아하는 아이였습니다. 아들과 딸의 성향도 이렇게 차이가 났습니다.

그리고 다시 묵묵히 딸에게 책을 읽어 주었습니다. 영어로 말하라고 부담을 주지 않았습니다. 아직 영어로 말이 나올 만큼 딸의 항아리는 차지 않았지만 열심히 채우는 중입니다. 딸의 항아리가 커서, 또 그 항아리를 좋은 것으로만 채우느라 오랜 시간이 걸리나 봅니다. 다시 한 번 말씀 드리지만, 엄마표 영어에서 가장 중요한 것은 '믿고 기다리고 포기하지 말 것'입니다. 이것이 엄마표 영여의 핵심이자, 전부입니다.

【03】

영어 말하기가
나오는 듣기 임계량

영어가 듣기를 통해서 말하기로 이어지는 것은 확실합니다. 하지만 영어를 하루 10분 듣고 나서 말하기가 술술 나오기를 기대하면 그건 과욕이겠지요.

엄마표 영어를 하면서 어떻게 해야 할까, 이게 맞나, 안 맞나 싶을 때 스스로 판단할 수 있는 방법이 있습니다. 바로 '한국어를 아이들이 어떻게 말하지?'를 떠올리면 쉬워집니다. '영어책을 얼마나 읽어 줘야 아이가 말이 나올까?'는 생각을 바꿔서 아이가 한국말을 유창하게 할 때까지 몇 년이 걸렸는지 떠올려 보면 됩니다.

'파닉스는 언제 가르쳐야 할까?'라는 '한글 떼기는 언제 시작하면 될까?'라는 질문으로 바꾸면 됩니다. 그렇게 생각해 보면 "하루 1권 10분 영어책 듣기에 아이가 노출되어서 영어 말하기 아웃풋이 술술 나올까?"라는 질문으로 돌아가 보겠습니다. 이 질문을 바꾸어 생각해 보면 '한국말을 하루에 10분만 들어서 말하기가 유창하게 나오기 힘들 테니 영어도 그러하겠다.'라는 답이 나올 것입니다.

영어를 하루에 10분만 해도 말하기를 술술 잘하면 얼마나 좋을까요. 하지만 말하기가 나올 때까지는 영어 듣기의 임계량이 필요합니다. 영어 말하기를 잘하기 위한 임계량은 얼마일까요? 4,000시간, 9,000시간, 1만 시간 등 주장하는 사람마다 다르긴 하지만, 상당히 긴 시간 동안 영어 듣기에 노출이 되어야 말하기가 터지는 것은 분명합니다.

| 1만 시간의 영어 임계량

잘 알려진 '1만 시간의 법칙'을 영어 말하기에 적용해 볼까요? 1만 시간의 법칙은 어떤 분야의 전문가가 되기 위해서는 최소 1만 시간 정도의 훈련이 필요하다는 주장이지요. 1만 시간은 매일 3시간씩 훈련할 때 약 10년, 하루 10시간을 쓰면 3년이 걸립니다. 한국어를 기준으로 생각해 보면, 아이들이 3년 정도 한국말에 노출되면 말하기를 누구나 잘할 수 있습니다.

이번에는 4,000시간에 적용해 보겠습니다. 하루 3시간씩 365일이면 연 1,095시간이니 대략 3.7년입니다. 매일 3시간씩 영어 노출을 했을 때 3년 반 정도이면 아이가 말하기를 잘할 수 있는 임계량이 채워지는 것이지요.

3년 동안 엄마표 영어로 말하기를 끌어내려면 하루에 적어도 3시간에서 길게는 10시간까지 영어 듣기에 노출이 되어야 말하기가 나온다는 결론이 나옵니다. 물론 여기에는 엄마와의 상호작용 및 다른 요인이 전혀 고려되지 않았습니다.

이렇게 짧지 않은 기간 동안 엄마표 영어를 멈추지 않고 지속할 수 있는 비결은 무엇일까요? 첫째, 엄마가 지치지 않아야 합니다. 위에서 말한 임계량을 채우는 데 필요한 3시간을 오로지 엄마가 책을 읽어 주는 시간으로만 채우지 않아도 됩니다. 학습 3시간이 아니라 노출 3시간이라는 점에서 가슴을 쓸어내리셔도 됩니다. 이 노출 시간에는 영어책을 읽은 시간, 영어 영상물을 본 시간, 차를 타거나 다른 일을 하면서 음원을 들은 시간 모두가 포함되기 때문입니다.

말하기 임계점에 도달하기 위해 엄마표 영어의 장수를 꿈꾼다면 하지 말아야 할 것들이 있습니다. 첫째, 수업 교구나 활동지를 만드는 데 너무 많은 시간을 들이지 않는 것입니다. 엄마표 영어의 핵심은 엄마의 체력입니다. 아이가 잘 때 밤 새워서 자료를 찾고 뽑아서, 자르고 붙이고 합니다. 다음날 피곤해진 엄마는 어쩔 수 없이 아이와 있는 시간에 짜증이 납니다. 그러다 보면 엄마표 영어는커녕 아이와의 관계만 나빠질 뿐이지요.

육아와 엄마표 영어의 핵심 비결은 '애 잘 때 자자.'입니다. 엄마가 푹 쉬어야 책 읽어 줄 때 즐겁고 의욕이 생깁니다. 활동지와 자료를 열심히 만들어 놓아도 아이가 내가 생각한 방식대로 사용해 주지 않을 수도 있습니다. 그냥 책만 재미있게 읽어 주세요. 너무 잘하려고 밤 새다가 1년도 못 가 포기합니다.

둘째, 책 읽는 아이에게 너무 바른 자세를 요구하지 않는 것입니다. 부모라면 아이가 책을 읽을 때는 책상에 바른 자세로 앉아 읽기를 바라시지요. 그런데 너무 학교에서 공부하는 듯한 자세를 아이가 집에서 책을 읽을 때도 그렇게 하기를 강요하지 마세요. 가장 좋아하는 장소에서 편안한 자세로 책 읽기를 허용해 주세요. 아이와 누워서 책 읽기를 저는 참 좋아합니다. 만사 피곤한 워킹맘인 저는 아이와 소파고 침대고 누워서 책 읽기가 제일 좋았습니다. 그야말로 아이와 책 읽는 시간이 저와 아이 모두에게 쉼의 시간인 것이지요.

영어 듣기가 말하기로 나오려면 임계량이 필요합니다. 그 임계량을 계산해 보니 최소 3년 반이라는 시간이 필요했습니다. 엄마표 영어를 포기하지 않고 성공할 수 있는 가장 큰 비결은 '지치지 않는 엄마'입니다. 교구를 준비하다가 잠을 못 자서 정작 아이에게 책을 읽어 줄 시간에 짜증을 내면 안 되겠지요. 아이가 책을 읽을 때 좀 편한 자세로 읽게 둡시다. 영어책 읽기를 학습으로 보지 말고 놀이와 쉼으로 봐 주세요. 좋은 책을 고르려다 너무 시간을 쓰지 마세요. 비교하는 데 걸리는 시간으로 조금 덜 괜찮은 거래라도 결국 사는 사람이 낫습니다.

영어 말하기는 파닉스를 배우거나 영어 철자를 외우는 것과는 결이 다릅니다. 파닉스와 단어 시험은 학습입니다. 아이가 훈련해야 합니다. 아이가 가르침을 받고 배워야 합니다. 눈에 보이는 성과가 바로 나올 수 있습니다. 아이가 무언가를 배우고 있고, 발전해 나가는 모습이 보입니다.

하지만 영어로 말하기는 시간도 훨씬 더 걸리고, 아이가 잘하고 있는지 의심이 들 정도로 진전이 없어 보일 수도 있습니다. 그러나 긴 시간이지만 말하기가 나올 때까지 꾸준히 하다 보면 어느 순간 임계점에 도달합니다. 항아리에 물이 가득 차서 넘치는 때가 반드시 옵니다. 반면에 학습으로 영어를 시작한 아이는 평생 영어 말하기 때문에 시달립니다. 결국 무엇이 지름길인지 아시겠지요.

【04】

영어를 소통의 수단으로
쓰는 아이

중·고등학교 입시 수업을 하다 보면, 초등학교 때 학원 대신 엄마 표로 영어를 했던 친구들을 만납니다.

그 친구들 중 한 명인 초등학교 6학년 경수가 레벨 테스트를 보러 왔습니다. 영어 인터뷰를 하면서 자신감 있게 말하는 태도가 아주 좋았고, 학습에 대한 의욕도 높았습니다. 영어 인터뷰가 끝나고 어머니와 상담을 하면서 경수가 집에서 엄마와 영어를 해 온 과정을 들었습니다.

경수 어머니는 한 국내 출판사 책에 나와 있는 교재 맵을 따라 교재를 고르고 경수와 함께 공부해 왔다고 했습니다. 그리고 "읽기, 문법은 하겠는데 듣기, 말하기와 쓰기는 안 되네요."라고 고충도 털어 놓으셨습니다. 내신과 수능이라는 입시 제도가 바뀌지 않는 한, 문법은 엄마들이 잘 가르칠 수 있는 부분일 수 있습니다. 엄마가 배웠던 그대로 아이에게 가르쳐 줄 수 있으니까요.

또 다른 친구 원준이는 초등학교 저학년 때부터 영어책 듣기를 하며 엄마표 영어를 받아 왔습니다. 중학교 2학년 때 원준이를 처음 만났는데, 문해력과 사고력이 좋아 글을 잘 이해했습니다. 영어 발음도 좋고 귀도 트여 있었습니다.

원준이 어머니의 고민은 영어 내신 점수였습니다. 원준이는 초등학생 때 전교에서 영어를 가장 잘한다고 소문난 아이였는데, 중학생이 되어서 영어 점수가 왜 안 나오는지 속상해하셨습니다. 책을 꾸준히 읽으면 문법도 자연히 터득할 수 있다고 알고 있는데 그게 맞는지 물어 보셨습니다. 수업 중에 원준이의 고민을 들어 보았습니다. 그런데 원준이는 영어 점수가 아닌 말하기를 잘하고 싶은데 잘 안 된다고 했습니다.

저의 해법은 간단했습니다. 원준이 어머니가 원하는 영어 점수를 잘 받으려면 시험과 영어 기본 실력을 분리해야 한다는 것이었습니다. 시험은 범위가 주어집니다. 그 범위 안에 있는 어휘, 본문, 문법을 아주 사소한 부분까지 내 것으로 만들어야 하지요. 그리고 원준이처럼 책을 꾸준히 읽었던 친구는 집중하면 빠른 속도로 말하기가 늘 수 있습니다. 문장의 구조가 이미 머릿속에 들어 있기 때문에 열심히 생각하지 않아도 말로 표현할 수 있습니다. 쉽게 말해서 문장의 구조를 따지지 않아도 언어적 감각으로 쉽게 말을 뱉을 수 있는 것이지요. 원준이는 지금 고등학생이 되어 말하기는 대입 후로 잠시 미뤄두고, 내신과 수능에 매진하고 있습니다. 문법과 말하기는 많이 익혔으니 방향만 잘 잡아 주면 훨씬 쉽고 빠르게 성과를 낼 수 있습니다.

위의 두 친구들은 초등학교 때 영어 교재와 영어책으로 엄마표 영어를 했던 우수한 학생들입니다. 그러나 각자 말하기, 쓰기, 문법에 취약점을 갖고 있었습니다. 엄마표 영어로 책은 잘 읽게 되었지만 결국 고충은 말하기입니다. 사실 엄마표 영어가 아니라 한국의 영어 교육에서 가장 달성하기 힘든 것이 말하기일 것입니다.

| 소통의 수단인 말하기

엄마표 영어 강연을 하면서 엄마들에게 질문을 했습니다.
"듣기, 읽기, 쓰기, 말하기 중에 어느 영역을 가장 잘하고 싶습니까?"

모든 엄마들이 '말하기'를 꼽았습니다. 왜 엄마 세대도, 아이 세대도 말하기를 못 하는 영어를 하고 있을까요? 영어 공부에 들이는 시간과 비용이 어마어마한데도 말입니다.

우리 엄마들 세대는 영어는 공부할 대상이라는 생각이 많습니다. 그래서 영어를 한다는 것은 무언가를 배우는 일이 됩니다. 영어를 학습했고 시간을 들였으니 성과를 내야 합니다. 파닉스를 배웠으니 글을 읽어야 하고, 책을 읽으니 단어를 외워야 합니다. 영어 내용을 이해해야 하니 문제를 풀어야 하지요. 그런데 영어는 학습이 아니라 '소통의 수단'임을 인식해야 합니다.

학교에 입학하면 국어 시험을 봅니다. 문학과 비문학, 고전, 시가 등 여러 지문도 읽습니다. 책을 읽고 감상문도 적습니다. 그러나 이러한 학습 성과를 내기 전에 국어는 생각을 표현하고, 다른 사람과 소통할 수 있는 수단입니다. 텔레비전을 보고 내용을 이해할 수 있는 말, 즉 언어입니다.

영어도 이와 마찬가지입니다. 아이와 노래를 함께 부르고 즐기다가 나도 모르게 노래가 흥얼흥얼 나옵니다. 그 노래가 말이 됩니다. 아이에게 영어책을 읽어 줍니다. 그림을 보며 맥락에 맞춰 책을 읽어 주면 아이는 반복적으로 영어 소리에 노출되며 그 소리를 자신의 것으로 만듭니다. 아이가 그림만 보고도 책을 읽습니다. 책에 그림을 그려 나만의 그림책을 만들 수도 있습니다.

아이가 영어 소리에 노출만 되어서는 말하기로 이어지기 힘듭니다. 엄마와 영어로 상호작용을 해야 합니다. 엄마표 영어로 책을 꾸준히 읽었던 아이지만 말하기가 안 되는 결정적인 이유가 바로 이것이지요. 엄마가 아이와 영어로 상호작용을 해 주려 노력하는 순간 언어가 됩니다. 문자에서 말이 된 영어는 실생활에서 적절한 시기에 쓰입니다. 영어가 책에서 나와 소통이라는 본질적인 기능을 갖게 되는 것이지요.

엄마가 영어로 아이와 상호작용하는 방법은 다양합니다. 엄마의 영어 실력이 부족하더라도 책에서 나온 표현을 몸으로, 노래로 표현해 봅니다. 책에서 쓸 만한 문장을 봐 두었다가 아이에게 말을 걸어 줍니다. 글을 읽기 시작한 아이라면 책을 볼 때 눈으로 보며 집중 듣기만 하지 않고 들은 지문을 낭독합니다. 아이가 재미있게 낭독을 이어 갈 수 있도록, 엄마와 파트를 나눠서 읽기도 하고 녹음도 합니다.

소리를 듣고 말하는 섀도우 스피킹도 하고, 책 내용을 외워서 말하거나 요약해서도 말합니다. 책을 똑같이 따라 쓰면서 입으로는 크게 읽기도 합니다. 아이가 책을 수동적으로 듣기만 하거나 글을 읽고 끝나는 것이 아니라 체화될 수 있게 도와줍니다. 어떤 누구보다 엄마가 아이의 영어 말하기를 잘하게 할 수 있습니다. 그 누구도 엄마보다 내 아이의 말하기를 잘 끌어내 줄 수 없습니다.

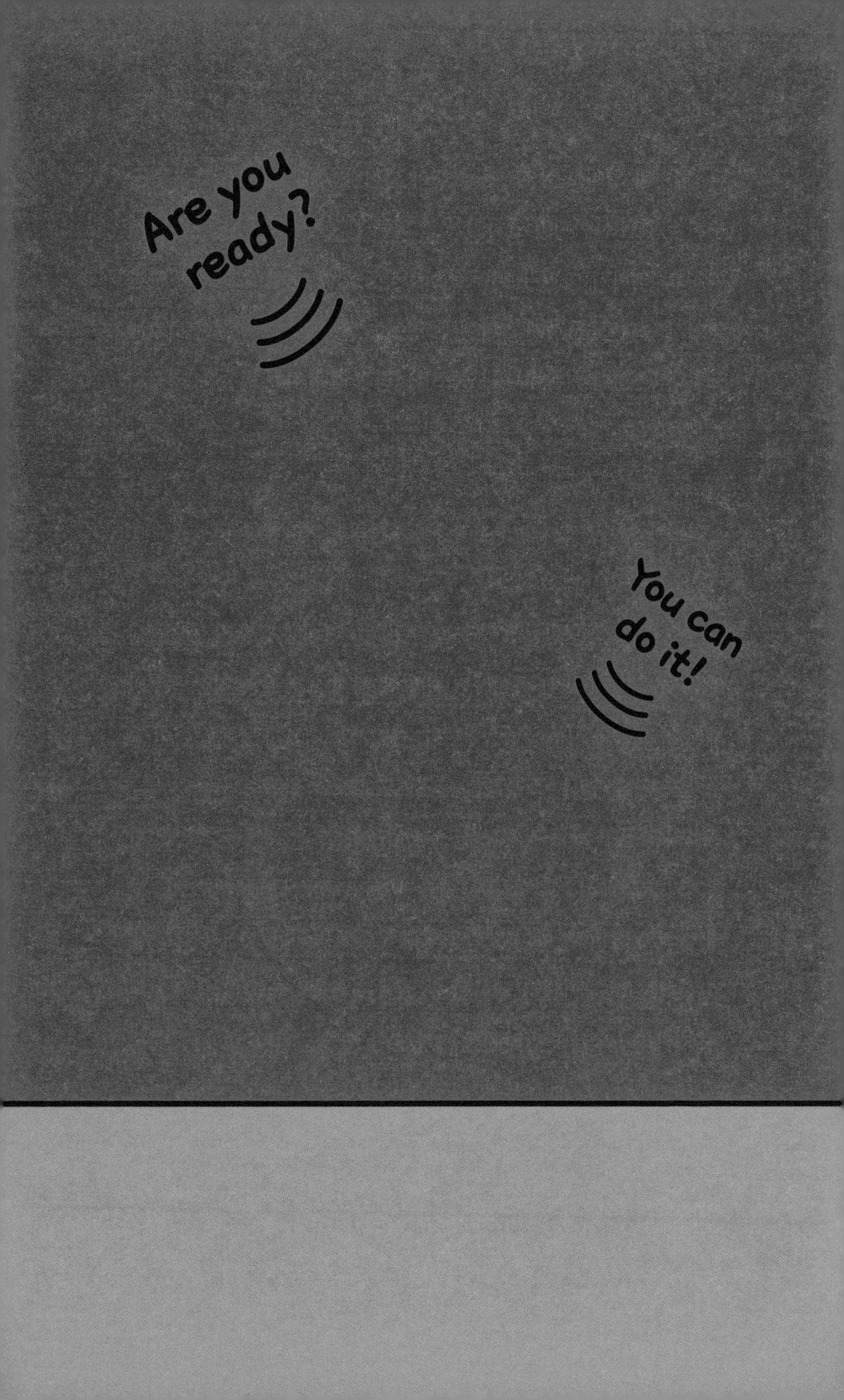
Are you ready?
You can do it!

3장
원어민처럼 말하는
아이는 이렇게 듣는다

【01】

영어 듣기 시간을
만들어라

"엄마가 영어를 잘해서 너무 좋겠다."

제 아이가 영어로 말하는 모습을 본 사람들이 열에 아홉은 하는 말입니다. 이 말은 반은 맞고 반은 틀립니다.

여느 워킹맘과 같이 저도 고달프게 일과 육아를 병행합니다. 워킹맘, 전업맘 할 것 없이 엄마들은 누구나 바쁘겠지만요.

첫째가 뱃속에 있을 때부터 일을 하면서 지금까지 10년간 두 번의 6주짜리 출산 휴가를 제외하고는 쉰 적이 없습니다. 중·고등학교 입시 영어 수업을 하다 보니 오후에 출근해서 항상 밤 10시 이후에나 퇴근했습니다. 저희 아이들은 아침에만 엄마를 보고 저녁에는 할머니와 시간을 보내고 잠이 들었습니다. 엄마가 영어를 하는 사람은 맞지만, 그 엄마는 너무 바쁘고, 엄마와 하는 영어 대화 시간만으로는 절대적인 영어 노출 시간이 부족했습니다.

영어 듣기 노출 시간 쪼개기

그래서 영어 듣기 노출 시간을 극대화하는 일이 아이가 영어를 습득할 때 가장 중요하게 생각한 부분이었습니다. 첫째 아이는 11개월에 어린이집에 보냈는데 다시 과거로 돌아갈 수 있으면 낯가림 심한 딸을 그 어린 나이에 어린이집에 보내지는 않겠다는 뒤늦은 다짐을 해 봅니다.

첫째 아이 때 경험을 반면교사로 삼아 둘째 아이는 어린이집에 보내는 시기를 최대한 미룰 수 있는 만큼 미뤘습니다. 오전에는 육아를 하고, 오후에 이모님이 오시면 출근해서 늦은 저녁까지 일을 하는 삶을 살았습니다. 하루하루가 참 쉽지 않았습니다. 게다가 둘째 아이는 어김없이 새벽 5시에 일어나서 하루가 아주 길었습니다.

그러나 힘들게 아이를 끌어안고 있었던 그 시간이 지금 둘째 아이 영어 실력의 5할을 만들었다고 생각합니다. 집에서 원하는 만큼 책을 보여 주었고, 유모차로 산책을 하는 2시간 동안 세상 모든 것을 영어로 말해 주었습니다. 함께 영어 노래를 부르고 춤도 추던 그 시간은 어쩌면 아이에게 있어서는 영어를 모국어로 받아들이는 시간 이었을 것입니다.

아이들이 모두 어린이집을 간 뒤부터는 함께 있는 시간이 등원 전 오전으로 한정되었습니다. 영어책을 읽어 주기 이전에 한글책을 먼저 읽어 줘야 했기에 저는 친정엄마와 역할 분담을 했습니다. 제가 아이들과 함께 있는 시간에는 영어책을 읽어 주고 영어로 말을 걸어 자극을 주었습니다. 영어책 낭독을 듣지 않는 시간에는 틈틈이 읽었던 책의 음원이나 영어 동요를 틀어 놓았습니다.

첫째 아이는 하원 뒤 친정엄마와 있는 시간에는 놀이터에서 놀았고, 4세가 된 뒤부터 저녁에 1시간씩 영어 디브이디를 시청했습니다. 잠자리에서는 아이 아빠나 친정엄마가 한글책을 읽어 주었습니다.

첫째 아이가 6세가 되었을 때부터 초등학교 1학년까지 교포 선생님이 일주일에 두 번 집에 오셨습니다. 저는 아이와 잘 놀아 달라고만 부탁했습니다. 교재는 필요 없었습니다. 엄마가 일할 시간에 엄마 대신 영어로 말을 걸어 주고 놀아 줄 사람이 필요했던 것이지요. 호주에 첫째 아이와 동갑인 조카가 있었던 선생님은 이모처럼 아이와 정말 잘 놀아 주었습니다. 두 사람은 그림을 그리고, 머리를 땋고, 클레이를 하는 등 신나게 놀며 영어로 말했습니다.

아이들이 영어책 낭독을 들으며 영어를 습득한 것은 맞으나, 엄마만 영어를 잘해서는 이뤄 낼 수 없었습니다. 제가 바쁘면 주변과 역할 분담을 하고 도움을 받아 저에게 주어진 짧은 시간 동안 끌어 낼 수 있는 최대의 것을 끌어 냈습니다.

엄마가 영어를 잘해야 아이들도 영어를 잘하는가에 대한 대답은 확실합니다. 바로 '아닙니다.'입니다. 엄마표 영어로 성장한 아이들을 보았습니다. 그들의 엄마들도 보았습니다. 대부분 보통의 엄마들이었습니다. 엄마표 영어를 성공한 사람들의 공통점은 아이의 영어 듣기 노출을 극대화했다는 점입니다.

| 영어 동요 외우기

엄마가 할 수 있다면, 조금의 노력으로 아이의 영어 말하기를 더 끌어 줄 방법은 있습니다. 아이가 유치원생 또는 이전의 영아라면, 엄마의 영어가 좋은 자극제가 됩니다. 앞장에서 모국어를 배우는 순서가 듣기와 옹알이 말하기, 듣기와 단어 말하기, 듣기와 '단어와 단어가 결합한 말하기'로 이어진다고 했습니다. 그 중심에는 대화가 있습니다. 대화는 엄마가 영어로 말을 거는 것입니다. 이런 엄마도 있을 것입니다.

"전 영어를 못하는데요?!"

걱정하지 마세요. 영어 실력이 부족한 엄마도 노력해서 효과를 볼 수 있는 방법이 있습니다. 바로 영어 동요를 외우는 것입니다.

첫째 아이가 영어를 시작한 지 얼마 안 되었을 때, 영어 노래를 불러 주고 싶었습니다. 그런데 팝송은커녕 〈Alphabet Song(알파벳 노래)〉와 〈Little Star(작은 별)〉 빼고 아는 노래가 없더군요. 아기 띠로 아이를 앞으로 안고 낮잠을 재우며 아는 영어 동요를 부르다 보니 금세 레퍼토리가 바닥났습니다. 그래서 한여름에 크리스마스 캐럴을 불러 줬습니다. 그것도 징글벨 후렴구만요.

이후 찾은 책이 삼성출판사에서 나온 《영어 동요》입니다. 집에서 틀어 놓고 매일 들었습니다. 저는 매일 1곡씩 책 속 가사를 외웠습니다. 영어 동요가 담긴 좋은 책이 한두 권씩 쌓이다 보니 어느 순간 제가 영어 동요를 부르는 수준이 일취월장했습니다. 최소한 양적으로는 말이지요.

아이를 재울 때 자장가를 영어로 불러 주었습니다. 30곡은 너끈히 쉬지 않고 부를 수 있었습니다. 머릿속에 책을 떠올리며 그 책에 나오는 노래 순서를 생각하며 멈추지 않고 불렀습니다. 가사 뜻은 다 알지 못해도 노래방에서 팝송 한두 곡쯤은 누구나 불러본 적이 있듯이, '영알못' 엄마더라도 영어 동요 불러 주기는 누구나 할 수 있습니다.

영어 동요 중에 엄마가 들어도 가슴 뭉클하거나 짜릿하게 즐거운 노래도 있습니다. 행복한 엄마가 불러 주는 영어 동요를 듣고 아이의 듣기와 말하기가 얼마나 성장할까 상상해 보세요.

다시 한 번 말하지만, 엄마표 영어의 핵심은 영어 듣기 노출입니다. 워킹맘도 역할을 분담하면 할 수 있습니다. 아이와 하루 종일 함께 있을 수 있는 엄마라면 그 시간이 기회가 됩니다. 아이가 4세 미만일 경우 엄마가 짧은 표현과 영어 동요를 외워서 들려주면 훌륭한 듣기 재료가 됩니다. 그것이 힘들다면, 음원을 들으면서 책만 넘겨 주어도 됩니다. 세이펜도 있습니다.

4세가 넘었다면 만화 영어는 영어로 들으며 볼 수 있게 해 주면 됩니다. 그것이 엄마표 영어가 성공할 수 있는 방법의 핵심입니다. 엄마가 영어를 못해도 정말 괜찮습니다. 할 수 있습니다!

아이에게 영어 노래 들려주기

1. 〈Walking, Walking(걷기, 걷기)〉

음에 맞춰서 "Walking, walking." 하며 걷습니다. "Hop, hop, hop.(깡충 뛰기,
뛰기, 뛰기)" 하면 제자리 점프를 하고, "Running, running, running.(달리기, 달
리기, 달리기)" 할 때 인정사정없이 뜁니다. 그리고 "Stop!(멈춰!)"에 멈춥니다.

둘째 아이가 어린이집에 가는 길에 자주 불렀던 노래입니다. 아이가 '세
월아, 네월아' 하고 걸어갈 때, 이 노래를 부르면서 가면 어느 순간 어린
이집에 도착해 있었지요. 지금도 제가 이 노래를 부르기 시작하면 아이
들은 자리에 앉아 있다가도 걷기를 시작한답니다.

2. 〈Twinkle, twinkle, little star(반짝 반짝 작은 별)〉

<반짝 반짝 작은 별>이라는 번안곡이 있어, 한국어로도 아이들과 함께
많이 부르는 노래죠. 익숙한 멜로디 덕분에 아이들이 영어로도 쉽게 따라
부를 수 있습니다.

3. 〈Bingo(빙고)〉

노래를 반복해서 부를 때마다 빙고 'B.I.N.G.O'의 첫 알파벳이 사라집니

다. 사라진 알파벳이 들어가는 자리는 박수로 채워 넣습니다. 따라서 '(박수)I.N.G.O - (박수)(박수)N.G.O - (박수)(박수)(박수)G.O - (박수)(박수)(박수)(박수)O - (박수)(박수)(박수)(박수)(박수)'로 끝납니다.

4. 〈Rain, Rain, Go Away(비야, 비야, 가거라)〉

비 내리는 날 밖으로 놀러 나가고픈 아이에게 불러 주세요. 비에게 그만 오고, 다른 날 내리라고 말하는 내용이에요. "Little Sally wants to play. (어린 샐리는 놀고 싶어요.)"를 아이 이름으로 바꾸어 부르면 아이가 주인공이 된 것 같이 좋아합니다.

5. 〈The Bus(버스)〉

버스를 탄 사람들이 "up and down(오르락내리락)" 하고, 버스 창문의 와이퍼가 "swish, swish, swish(휙, 휙, 휙)" 하며 움직여요. 버스 운전자는 "honk, honk, honk(빵, 빵, 빵)" 하며 경적을 울리죠. 자동차 놀이를 하거나, 실제로 대중교통을 이용할 때 불러 보세요.

6. 〈This is the Way(이렇게 해 봐요)〉

음에 맞춰서 "wash our face.(세수를 해요.)", "comb our hair.(머리를 빗어요.)", "brush our teeth.(이를 닦아요.)", "put on our clothes.(옷을 입어요.)" 등 매일 필요한 말을 부르다 보면, 어느새 입에 표현이 척척 붙습니다.

7. 〈**This Little Pig Went to Market**(아기 돼지가 시장에 갔네)〉

다섯 마리 돼지들의 이야기예요. 마더구스는 가끔 가사의 뜻을 보면 앞뒤가 맞지 않는 경우가 있어요. 하지만 이 노래는 부르기가 재미있고, 'wee wee' 하며 울면서 집으로 돌아오는 돼지가 나오는 대목은 안쓰럽기까지 해요.

8. 〈**Jelly on a Plate**(젤리 한 접시)〉

'Jelly, Sausage, Noodles, Popcorn, Honey(젤리, 소세지, 국수, 팝콘, 꿀)'와 같이 아이들이 관심 있는 음식이 요리되는 모습을 묘사한 가사를 불러 보세요. 'sizzle, twirly, popping, runny, wibble(지글지글, 빙글빙글, 터지는, 흐르는, 흔들흔들)'처럼 요리하면서 나는 소리나 모습도 함께 부를 수 있습니다. 둘째 아이는 "jelly on a plate"을 "mommy on a plate.(엄마 한 접시)"처럼 개사해서 부르는 것을 좋아합니다.

9. 〈**Baby's Clothes**(아기의 옷)〉

4세 미만의 아이에게 불러 주면 좋은 노래입니다. 아이가 붉은 모자와 파란 양말을 하루 종일 쓰고, 신고 있어요. 아이에게 옷을 입혀 주면서 불러 주세요. 노래의 'red hat'을 'pink skirt'나 'yellow pants'처럼 아이가 입고 있는 옷에 맞춰 불러 주면 아이는 자연스레 옷과 색을 표현하는 어휘를 접할 수 있습니다.

10. 〈Bibbidi Bobbidi Boo(수리수리 마수리)〉

"Salaga doola menchika boola Bibbidi bobbidy boo."

무슨 말인지 모르시겠죠? 저도 그렇습니다. '수리수리 마수리' 정도로 해 두시면 되겠습니다. 마법의 주문을 외워 부르는 것은 참 흥미로운 일입니다. 복잡한 마법의 주문을 아이가 열심히 따라해 보려는 모습이 참 귀여울 것입니다.

【02】

엄마는
수다쟁이 선생님이다

엄마표 영어에서 가장 먼저 할 일은 영어를 들을 수 있는 환경을 만들어 주는 것입니다. 이때 그림책만큼 좋은 재료가 없습니다. 책을 집에 들일 때는 반드시 음원이 있는 책으로 선택해 주세요.

첫째 아이가 20개월에 가장 먼저 시작한 그림책은 당시 인기 있던 영어 전집이었습니다. 주로 보드북과 조작북으로 구성되어, 그림이 알록달록 예쁘고, 책을 장난감처럼 가지고 놀 수 있었습니다. 전집 중에는 보통 아이들이 특별히 아끼는 몇 권의 책이 있기 마련입니다. 저희 집 아이도 5권 정도의 책을 하도 열심히 봐서 보드북인데도 다 헤져 커버와 속지가 분리될 정도였습니다.

| 영어책을 읽어 줄 때의 기본 원칙

반드시 엄마 목소리로만 그림책을 읽어 줄 필요는 없습니다. 시디와 음원, 세이펜을 적절히 활용하세요. 엄마가 책을 읽어 주다가 힘들어서 영어를 중간에 포기하는 일은 없어야 하니까요.

가능하다면 엄마가 무릎에 아이를 앉히고 엄마 목소리로 재미있게 들려주며 책 읽기를 시작하면 좋습니다. 그러면 아이에게 '책 읽기=즐거운 시간'이라는 공식이 생길 것입니다. 책을 읽어 줄 때는 아이와 그림을 보며 천천히 내용을 곱씹어 가며 이야기해 보세요.

만약 책에서 "A dog says bow wow.(개가 멍멍 하고 짖어요.)"라는 내용이라면 그림에서 어떤 개가 제일 귀여운지, 어떤 개를 키우고 싶은지 등의 이야기를 주고받으며 삼천포로 빠져도 됩니다. 혹시 아이가 책을 읽다가 책 내용에서 뻗어나간 자기 이야기를 하기 시작하면 말을 자르고 다음 책장으로 넘기고 싶었던 경험이 있으신가요? 우리 그러지 맙시다. 그래야 다음에 책 읽자고 하면 도망가지 않고 엄마 무릎에 다시 앉아 주죠.

책을 읽고 나서는 거기서 끝나지 말고, 반드시 해야 할 것이 있습니다. 독후 활동일까요? 독후감 쓰기나 다른 책으로 연계하여 하는 학습일까요? 아닙니다. 항상 피곤하고 체력이 부족했던 저는 아이랑 놀아 주는 것보다 책을 읽어 주는 게 더 쉬웠습니다. 책 읽을 때마다 독후 활동을 학습적으로 해야 했다면 분명 저에게 책 읽어 주는 일은 고역이었을 것입니다. 그랬다면 이렇게 7년 동안 책을 읽어 줄 수 없었겠죠.

| 책을 읽고 아이와 할 수 있는 활동

이야기를 들려주고 나면 반드시 해야 할 두 가지 일이 있습니다. 첫 번째, 아이가 읽은 책을 반복해서 들려줘야 합니다. 엄마가 그림책을 읽어 줄 때 아이는 소리와 그림을 매칭합니다. 엄마가 그림을 가리키면서 "A dog says bow wow."라고 합니다. 그러면 개가 'a dog'인 것을 알았고 그 개가 짖는 소리가 'bow wow'라는 사고가 이루어졌습니다. 그 다음에는 그 소리를 반복해 들려주는 것입니다.

시디를 틀어 줄 때 주의할 점은 아무거나 들려주지 않는 것입니다. 아이가 책에서 그림으로 보고 이해했거나 만화로 보았던 장면을 떠올리며 그 내용을 들어야 합니다. 그러니 읽었던 책의 음원이나 보았던 영상물의 소리를 들려주세요. 아이가 밥을 먹거나 레고 놀이를 하거나 그림을 그리고 있을 때 시디를 틀어 놓으면, 어른은 못 들어도 아이는 듣습니다. 아이가 그림을 그리다가도 웃거나 대화를 따라 하고 있을 수 있습니다. 아빠는 모르니 아이가 갑자기 혼자 왜 웃나 싶겠지만, 엄마는 그 장면을 볼 때 얼마나 뿌듯하게요?

그림책을 읽어 주고 난 뒤에 꼭 해야 하는 것 두 번째, 바로 그림책의 내용을 몸으로 표현해 보는 것입니다. 'Simon Says(시몬 가라사대)'라는 놀이를 들어 보셨나요? 'Simon says'는 선생님이 말한 뒤 명령문을 몸으로 표현하는 것입니다. 예를 들어, 'Simon says, sit down!(시몬 가라사대, 앉아!)'이라고 하면 아이들이 앉습니다. 'Simon says'를 말하지 않고 'Sit down!(앉아)'이라고 하면, 움직이지 않아야 하는 놀이입니다. 이 놀이를 응용해서 아이와 들리는 대로 몸으로 반응하는 활동을 해 주세요.

미취학 연령 단계에서 엄마와 아이의 발화의 대부분은 명령문으로 되어 있습니다. "Wash your face. Brush your teeth. Wake up.(세수해. 양치질해. 일어나.)"처럼 문장이 짧고, 청자인 아이에게 어떠한 반응을 이끄는 말입니다. 이러한 간단한 표현을 듣고 아이가 이해해서 행동으로 보여 주는 것이지요. 책 속에 있던 영어를 책 밖으로 꺼내 주는 것입니다. 실제로 **전신 반응 교수법**(TPR, Total Physical Response)이라는 영어 교수 학습법이 있습니다. 단순 암기식이 아니라 신체 감각을 활

> • **전신 반응 교수법**(TPR, Total Physical Response)
> 미국의 심리학자 제임스 애셔(James J. Asher)가 창안한 교수법이다. 자연적으로 언어를 습득하듯, 신체 행동으로 언어를 이해하는 방식이다.

용하여 언어 학습에 도움을 받고, 듣기가 말하기 능력보다 먼저 발달한다는 전제를 가진 교수법입니다.

| 몸으로 놀이하기

아이들과 저는 그림책을 읽으며 이렇게 몸으로 표현하는 놀이를 많이 했습니다. "Time to sleep. (잘 시간이야.)" 하면 아이들이 쓰러져 자는 시늉을 하고 "Time to wake up. (일어날 시간이야.)" 하면 기지개를 켜며 일어나지요.

앞에서 말한 "A dog says bow wow."로는 문장을 완성하는 놀이를 했습니다. 제가 "A dog says"만 하면 아이가 "bow wow"라고 이어서 나올 말을 맞히는 거죠. 또는 동물과 엉뚱한 소리를 연결해 놓고 말하기도 합니다. 돼지를 흉내 내면서 "A dog says oink oink."라고 하면 아이들이 너무 좋아합니다. 아이들은 말도 안 되는 것을 참 좋아하잖아요.

책에서 접한 표현을 엄마의 영어로 듣고 몸으로 표현해 보는 것이죠. 되도록 어려운 문장은 사용하지 않습니다. 이에 관한 구체적인 활용법은 5장에서 다루도록 하겠습니다.

이렇게 꾸준히 영어책을 듣고, 그 뒤에도 다른 놀이를 하면서 시디도 듣고, 몸으로도 표현해 보다가 마침내 첫째 아이가 처음으로 영어로 대답했습니다. 제 육아 일기를 보면, 20개월 3주차에 아이가 "Thank you."라고 한 것입니다. 그리고 3개월이 지난 뒤에 〈알파벳 노래(Alphabet song)〉를 부르고 영어로 숫자를 1부터 10까지 셌습니다.

영어를 시작한 지 4개월 차인 24개월이 되었을 때는 제가 "Can you pass me your pants?(바지를 엄마에게 주겠니?)"를 두 번 반복하니 귀찮았던지 첫째 아이가 "I don't know.(몰라.)"라고 답합니다. 이 표현 역시 그때 한참 즐겨 보던 그림책에 나오는 말이었습니다. 책에는 "Who's tickling me? I don't know.(누가 간지럽게 하는 거지? 나도 몰라.)"라는 대화가 있었고, 엄마를 간지럽히는 아이와 어깨를 으쓱이며 모르쇠 표정을 짓는 아이의 그림이 있었습니다. 그러니 이 표현은 제가 가르친 게 아니라 아이가 책을 보고 듣고 습득한 것입니다. 이때도 먼저 책을 보며 음원을 들려주고, 그 다음 아이의 놀이 시간에 음원과 노래를 반복해서 들려주었습니다.

아이는 20개월부터 영어를 시작해서 24개월이 되니 아주 드물게 영어로 아는 단어를 말했습니다. 저는 조급하게 생각하지 않고 모국어를 하듯 꾸준히 들려주면 차차 아웃풋이 나올 거라 기대했습니다. 무엇보다 아이가 책을 좋아하기 시작했습니다. 특별히 좋아하는 책도 생겼습니다. 《Caillow(까이유)》라는 보드북에 푹 빠졌지요. "on his bed(침대 위)", "on the rocking horse(흔들 목마 위)" 등 책에 나오는 표현을 엄마를 따라 말하기 시작했습니다. 책을 좋아하는 아이의 모습을 보면 엄마는 너무 신이 납니다. 그렇지만 아이가 관심 없을 때는 절대 영어책을 내밀지 않았습니다.

영어를 시작한 지 6개월이 지나, 아이가 25개월이 되었습니다. 아침 1시간은 아이를 위해서 집중하고 같이 시간을 보내기로 다짐했습니다. 아이에게 책을 읽어 주고 재워 주는 시간이 즐거웠습니다. 영어책 읽는 시간에는 엄마와 아이가 즐거워야 합니다. 이겨 내야 하는 '학습'이 아니라 장기적으로 가야 하는 '생활'이기 때문입니다.

그림책으로 영어 듣기를 시작하는 방법을 정리하겠습니다. 아이가 원하는 책을 읽어 주세요. 책이 닳아 헤질 것입니다. 아이가 반복해서 그 책만 보고 듣는다면 기특한 일입니다. 읽은 책은 반복해서 수시로 들려주세요. 엄마가 책에 나오는 표현을 기억해 두었다가 아이가 몸으로 반응할 수 있도록 아이에게 말로 자극을 주세요. 이 방식은 초등학교 저학년 때까지도 효과를 볼 수 있습니다. 아이가 책을 싫어한다면 강요하지는 마세요. 아이가 즐거워야 엄마도 즐겁고, 그래야 오래오래 엄마표 영어를 할 수 있을 테니까요.

몸으로 말하는 30가지 영어 표현

책을 읽어 준 뒤에 책에 나오는 표현을 아이가 몸으로 표현하게 해 보세요. 아직 영어를 말하지 못해도 '몸으로 말하기'를 먼저 시작하는 것입니다. 몸으로 표현하려면 듣기가 아주 중요합니다.

1. Stand up. (일어나.)

2. Sit down. (앉아.)

3. Pinch your nose. (코를 잡아 봐.)

4. Make a face. (인상을 찌푸려 봐.)

5. Make a happy face. (행복한 표정을 지어 봐.)

6. Touch your toe. (발가락을 잡아 봐.)

7. Close your eyes. (눈을 감아 봐.)

8. Open your eyes. (눈을 떠.)

9. Fall asleep. (잠든다.)

10. Wake up. ((침대에서) 일어나.)

11. Open your hands. (손을 펴 봐.)

12. Close your hands. (주먹 쥐어 봐.)

13. Clap your hands. (박수를 쳐 봐.)

14. Stomp your feet. (발을 쿵쿵 해 보자.)

15. Shake your hands. (손을 털어 봐.)

16. Bend over. (몸을 구부려 봐.)

17. Hands on your head. (손을 머리 위로.)

18. Raise your hands. (손 들어 올려.)

19. Fold your arms. (팔짱을 껴 봐.)

20. Turn your head to the left. (왼쪽으로 고개를 돌려.)

21. Turn your head to the right. (오른쪽으로 고개를 돌려.)

22. Thump your chest. (가슴을 쿵쿵 쳐 봐.)

23. Arch your back. (등을 구부려 봐.)

24. Kick your leg. (발을 '뻥' 차 봐.)

25. Raise your shoulder. (어깨를 올려 봐.)

26. Lie down. (누워 봐.)

27. Crawl like a turtle. (거북이처럼 기어 봐.)

28. Pick up your ball. (공을 들어 봐.)

29. Wiggle your fingers. (손가락을 꼼질꼼질.)

30. Wiggle your ears? (귀를 움직여 볼래?)

【03】

책을 읽으며
영어를 들려줘라

엄마가 아이에게 책을 읽어 주면 무엇이 좋을까요? 예전에 엄마표 영어 주제로 강연 준비를 하느라 독서 모임을 함께하는 회원들에게 설문 조사를 했습니다. 질문 중 하나가 엄마표 영어를 하고 싶은 이유였습니다. 엄마들의 답변을 통해서 엄마표 영어에 관해 생각하지 못했던 많은 좋은 점을 되새겨 보았습니다.

아이에게 책을 읽어 주면 가장 좋은 점은 내 아이만의 맞춤 교육이 가능하다는 것입니다. 어학원은 커리큘럼이 정해져 있어서, 교재와 진도 시기가 정형화되어 있습니다. 시스템화되어 있다는 장점이 있지만, 연령이 다른 모든 아이에게 같은 과정이 도입된다는 점은 아쉽습니다.

그러나 엄마와 영어책을 통해 영어 듣기를 하는 아이라면, 듣기를 통해 자연스럽게 말하기를 마스터할 수 있습니다. 무엇을 하든 엄마 마음입니다. 한 영상물을 무한 반복으로 봐도 됩니다.

둘째 아이는 6세에 애니메이션 〈옥토넛〉의 그야말로 덕후가 되었습니다. 시즌 1부터 4까지 모두 봤는데 더는 나온 시즌이 없어서 너무 아쉬워했습니다. 과학책을 보면서 아는 거라고 말해서 물어 보면 십중팔구는 〈옥토넛〉에서 봤다고 합니다. 화석이 만들어지는 과정이나 성게와 꽃게의 공생에 관해 영어로 설명합니다. 애니메이션에서 들었던 내용을 기억해서 말하는 것이지요.

│ 영어의 흥미를 떨어뜨리는 테스트

또 우리 아이만을 위한 맞춤 책을 고르다 보니 아이 수준을 정확히 파악할 수 있습니다. **AR지수**나 **렉사일**(Lexile)**지수** 같은 수치 없이도 엄마는 아이가 어떤 이야기를 이해할지, 어느 정도의 글줄이면 흥미를 느낄지 등을 압니다.

> • **AR지수** : 미국 르네상스 러닝사가 개발한 책의 레벨 지수이다. 미국 교과서 커리큘럼에 맞추어 한 학년을 총 10개의 단계로 나누었다.
>
> • **렉사일**(Lexile) 지수 : 미국 교육연구기관인 메타메트릭스사에서 개발한 독서 능력 평가 지수이다. 영어책의 난이도와 독자의 영어 읽기 수준을 측정할 수 있다.

아이의 성향에 따라 좋아하는 책의 장르도 엄마가 파악할 수 있습니다. 첫째 아이는 딸이지만 공주 이야기에 별로 관심이 없었습니다. 닉 샤라트(Nick Sarratte)나 테드 아놀드(Tedd Arnold) 같은 작가의 웃기거나 더러운 내용을 다룬 책을 제일 좋아했습니다. 둘째 아이는 첫째 아이와 다르게 《The Magic School Bus(매직 학교 버스)》 같은 과학책에 관심을 보였습니다. 새 책을 구매할 때 서로 다른 아이들 성향을 생각하며 책을 정하기도 합니다. 보통은 필요할 때 책을 구매하지만, 좋아하는 작가의 새 책이 보이면 '아묻따' 사서 쟁여 놓기도 합니다.

또 책 자체가 가진 힘은 말할 필요도 없겠지요. 책을 많이 보면 독해력, 이해력, 논리력, 추론력 등 생각하는 힘을 기를 수 있다는 사실은 누구나 인정하는 바입니다.

고등학교 3학년의 수능 대비를 함께할 때 책을 좋아하는 학생들의 강점을 확실히 느낍니다. 고3 수능 영어 독해의 지문 중 고난도 문제들을 보면, 분명히 학생은 단어도 다 알고, 읽을 줄은 압니다. 그러나 '그래서 무슨 말이지?' 하고 내용 자체를 이해하지 못합니다. 글의 기본인 주제 파악이 안 되니 내용을 이해하기가 힘들어집니다.

이때는 책을 많이 읽은 학생이 힘을 발휘하지요. 아무리 영어 단어를 많이 외우고, 구문 분석이 확실하여 수학처럼 문장 구조를 딱딱 나눌 수 있어도, 글 자체에 대한 이해가 안 되고, 추론하는 힘이 부족하면 배는 산으로 갈 수밖에 없습니다.

| 일상 어휘가 많이 나오는 책을 활용하기

책의 장점을 영어 습득이 아닌 삶과도 연결 지을 수 있겠습니다. 책은 이야기입니다. 아이는 이야기를 들으며 공감합니다. 주인공과 함께 기뻐하고 슬퍼합니다. 《Berenstein Bears(베렌스타인 베어스)》를 예로 들어보겠습니다.

저희 집에는 이 책이 리더스북과 챕터북의 형태로 있습니다. 오빠 곰과 여동생 곰이 엄마, 아빠 곰과 함께 곰 나라에 삽니다. 하루는 여동생 곰이 학교에서 다른 곰에게 괴롭힘을 당하고 옵니다. 옷이 찢겨진 채 집에 와서 엉엉 웁니다. 화가 난 오빠 곰이 쫓아가 보지만 덩달아 당하고만 옵니다. 내가 여동생 곰처럼 괴롭힘을 당했다면 어떤 느낌일까? 내가 오빠 곰이라면 어떻게 했을까? 영어책이라고 해서 한글책과 다른 것은 없습니다. 감동이 있고 공감을 할 수 있는 영어로 된 이야기일 뿐입니다.

책은 학습이 아닙니다. 문제집을 풀고 단어를 외우는 것과는 다릅니다. 책에 재미를 붙이면 독서는 즐거움과 쉼이 됩니다. 그야말로 스트레스 없이 즐기며 일거양득을 할 수 있습니다. 또 책에서 읽은 내용이 다른 곳에서 나올 때 아이들은 엄청난 뿌듯함을 느낍니다. 의기양양해집니다. 책을 보며 느끼는 성취감은 또 어떨까요. 따로 독서 기록장을 작성하지 않아도, 키만큼 쌓인 책을 보며 엄마는 아이의 궁둥이만 팡팡 두들겨 주면 됩니다.

마지막으로 엄마의 영어 공부입니다. 제가 예전에 성인 영어 회화 수업을 할 때 강의실 수업의 한계를 많이 느꼈습니다. 수업하러 오는 수강생들이 영어 말하기를 정말 잘하게 하려면 수업에 와서 몇 마디 나누는 것만으로는 부족했습니다. 그래서 수강생들에게 미국 드라마와 영어 원서의 활용을 많이 권했습니다. 영어 듣기의 절대적인 양을 늘리기 위해서였습니다. 대화에서는 영어 듣기가 강의실에서 배운 표현과 문법보다 중요합니다. 몇 마디 배워서는 실제로 원어민과 대화가 안 됩니다. 듣기 노출 시간이 부족하면 알아들을 수 없기 때문이지요.

"미드는 세 번을 반복해서 보세요. 첫 번째는 자막 없이, 두 번째는 영어 자막을 넣고, 마지막은 다시 자막 없이요."

"책은 음원이 있는 책을 고르세요. 혼자 책 읽기가 힘들면 음원을 틀어 놓고 그 속도에 따라가 보세요. 모르는 단어가 나와도 바로 찾아보지 말고, 책을 다 읽은 후 꼭 필요한 단어만 사전에서 찾아보세요. 절대 독해는 하지 마세요."

저는 수강생들에게 이렇게 조언했습니다. 반드시 영어를 듣기와 함께 접하라는 것이 핵심이었습니다.

성인이 영어로 말하기를 배울 때와 아이가 영어를 습득할 때는 그 방법에 큰 차이점은 없습니다. 따라서 엄마가 아이와 매일 영어 책을 듣고, 아이에게 책을 읽어 주느라 소리 내어 읽기를 하게 되면 아이뿐만 아니라 엄마도 영어 공부가 저절로 됩니다.

설문 조사를 해 보니 엄마들은 이미 영어책의 위대한 점을 많이 알고 있었습니다. 그러나 문제는 성공에 대한 확신이 없고, 어떻게 해야 할지 모른다는 것이었습니다. 어떻게 하면 영어책 읽어 주기로 아이가 모국어처럼 영어를 말할 수 있는지 그 비법 전수를 이제 시작합니다.

우리 아이 맞춤 영어, 단계별 영어책

1. 그림책

아이가 미취학 연령이고, 처음 영어책을 접할 때는 그림책부터 시작하세요. 그림이 있기에 처음 영어를 접하더라도 내용을 이해하는 데 도움을 얻을 수 있습니다. 그림책에는 노래가 함께 제공되는 책이 많아서 더 즐겁게 책을 읽어 주는 데 도움을 받을 수 있어요.

이미 초등학교에 입학한 아이라면, 그림책이 조금은 시시하게 느껴질 수도 있습니다. 그럴 때는 그림이 많은 재미있는 리더스북으로 함께 시작해 보는 것이 좋겠습니다.

1) 《Draw me a star(별을 그려주세요)》, 에릭 칼(Eric Carle) ①

"Draw me a star."로 시작하는 노래의 선율이 아름답습니다. 유명 작가 에릭 칼의 작품입니다. 마지막 페이지에 여덟 꼭지의 별을 그리는 방법이 나와 있는데, 참 따라 그리고 싶게 생겼습니다.

2) 《From head to toe(머리부터 발끝까지)》, 에릭 칼 ②

각 동물이 움직이는 특성을 보여 주고 "Can you do it?(할 수 있니?)" 하고 질문하여 아이의 승부욕을 자극합니다. 그러면 아이는 "I can do it.(할 수 있어요.)"이라고 대답하며 동물 흉내를 냅니다. 그림을 보느라, 동물을 따라하느라 바쁘게 움직이며 봐야 하는 책입니다.

3) 《Today's Monday(오늘은 월요일)》, 에릭 칼 ③

이 책 또한 "Today's __day." 로 반복되는 중독성 강한 노래와 함께 시작합니다. 요일별로 다른 음식을 먹는 소리를 재미있게 표현해 놓았습니다. 월·화·수·목·금·토·일 모든 가사를 외우고 싶을 거예요.

4) 《Color Zoo(알록달록 동물원)》, 루이스 엘러트(Lois Ehlert)

원, 삼각형, 사각형, 직사각형, 오각형 등 여러 도형을 노래를 부르며 배울 수 있습니다. 도형에 구멍이 뚫려 있어서 아이가 손가락으로 도형의 형태를 느낄 수 있습니다. 영어책을 통해 아이가 도형을 접했으면 한다면 추천해 드립니다.

5) 《Go Away, Big Green Monster!(녹색 괴물아, 저리 가!)》, 에드 엠벌리(Ed Emberley)

책 표지부터 재미있게 생겼습니다. 동그란 노란 눈을 가진 초록 괴물이 쳐다보고 있어요. 책장을 넘길 때마다 얼굴이 생겨납니다. 처음에는 노란 눈, 그리고 초록 코, 초록 얼굴, 초록 귀, 하얀 이빨, 보라 머리 순서로 무서운 얼굴이 완성됩니다. 그러나 "Go away! big green monster!"이라고 외치면, 괴물을 물리칠 수 있어요. 다시 생겨났던 순서대로 괴물의 얼굴이 사라지고, 결국엔 내가 오라고 할 때까지 오지 말라고 외치며, 아이가 두려움을 이겨 내고 주도권을 잡게 되지요.

6) 《I'm the biggest thing in the ocean(내가 바다에서 가장 커)》, 케빈 셰리(Kevin Sherry)

바다에서 자기가 제일 크다고 생각하는 오징어가 있습니다. 자신이 어떤 다른 바다 생물보다, 심지어 상어보다도 크다고 생각합니다. 그러다 고래를 만납니다. 쯧쯧쯧. 고래에게 잡아 먹히지요. 고래 뱃속에서 자기보다 작다고 했던 바다 생물을 만나게 됩니다. 그런데 이 오징어의 한마디, "내가 이 고래 뱃속에서는 가장 크다!"라는 정신 못 차리는 오징어 덕분에 정말 재미있는 책이었습니다.

7) 《My Dad(우리 아빠가 최고야)》, 앤서니 브라운(Anthony Browne)

체크무늬 나이트가운을 걸친 아빠가 있습니다. 아빠는 울트라 슈퍼 영웅입니다. 운동도 잘하고, 음식도 많이 먹고, 힘도 셉니다. 아빠가 어떻게 변신을 하든, 체크무늬 가운이 그림에 녹아 들어가 있습니다. 숨은 그림을 찾는 재미가 있습니다. 앤서니 브라운 미술관 전시회도 열리고, 같은 책이 한국어로도 번역되어 있어서 다양하게 책을 넓혀 줄 수 있어요.

8) 'Elephant and Piggie(코끼리와 꿀꿀이)**' 시리즈, 모 윌렘스**(Mo Willems)

첫째 아이가 챕터북을 읽기 시작했을 때, 자주 꺼내 든 책이기도 합니다. 귀여운 코끼리 제롤드와 똘똘이 돼지 피기의 이야기입니다. 둘의 대화로 구성되어 있어서 대화체의 글을 접하기 좋습니다. 아이가 책에 익숙해지면, 엄마와 역할을 나눠서 읽기 연습을 해도 좋습니다.

9) 《There was an old lady who swallowed a fly(파리를 삼킨 늙은 여자가 있었어)**》, 심스 태백**(Simms Taback)

할머니가 파리를 삼키게 됩니다. 할머니는 뱃속의 파리를 잡기 위해서 거미, 고양이, 개, 소, 말을 연이어 삼킵니다. 그리고 책의 결말은 "She's dead of course.(물론 그녀는 죽었어요.)"라니 아이가 눈이 휘둥그레집니다. 《There was an old lady who swallowed a fly guy(플라이 가이를 삼킨 늙은 여자가 있었어)》처럼 이 책을 패러디한 다른 영어책을 찾아보는 재미도 있습니다.

우리 아이 맞춤 영어, 단계별 영어책

2. 리더스북

아이가 먼저 동요와 그림책을 통해서 영어에 익숙해졌다면 그 다음 단계는 리더스북입니다. 그림책은 단행본이 많지만 리더스북부터는 시리즈물이 넘쳐납니다. 또 재미있는 책들이 너무 많아서 읽어 주고 싶은 책이 줄을 서 있을 정도예요. 엄마 입장에서는 책을 준비하기가 더욱 수월해집니다.

리더스북을 처음 시작할 때는 그림책인지 리더스북인지 헷갈릴 정도로 그림이 많은 책을 고르는 게 좋습니다. 구렁이 담 넘어가듯 슬쩍 넘어가 보고, 아이가 좋아하면 그 다음 레벨로 살짝 올려 봅니다. 그렇지만 리더스북을 시작하는 동시에 그림책이 끝나는 것은 아닙니다. 그림책은 유아용뿐 아니라 제법 글밥이 많은 책도 있습니다. 영어 읽기 레벨이 높은 아이들이 볼만 하거나 성인들이 읽어도 감동을 주는 책도 있습니다.

1) 'Oxford Reading Tree(옥스포드 리딩 트리)' 시리즈

리더스북 중 가장 유명한 시리즈입니다. 일명 'ORT'라고 불리는데 무려 단계가 1단계부터 12단계까지 있습니다. 스토리가 코믹하고 반전이 있어 아이들에게 많은 사랑을 받아 오고 있습니다. 처음 이 책을 접했을 때는

1990년대에나 썼을 법한 두꺼운 텔레비전과 촌스러운 디자인의 소파 등이 등장하는 다소 오래되어 보이는 그림체가 아이들의 흥미를 잡아끌지 의구심이 들었습니다.

그러나 책을 직접 읽어 보니 역시나 아이가 참 좋아합니다. 역시 스토리가 재미있으니 아이가 보고 또 봐도 지루해하지 않습니다. 아이 또래의 주인공이 매직 키(마법의 열쇠)가 이끄는 모험을 떠나는 내용이라 시공간을 초월하여 이야깃거리가 끊임없습니다.

ORT 책이 워낙 유명하고, 또 홈쇼핑에서 너무 소개를 잘해서 전 단계를 사고 싶다면 일단 한 템포 쉬세요. 책의 단계별로 레벨과 글밥의 차이가 많이 나니 1~2, 3~5, 6~9 등으로 레벨을 끊어서 아이의 반응을 보며 책을 준비하면 좋겠습니다. 〈매직 키〉라는 영상물에 에피소드가 4편까지 나와 있다는 점도 참고하세요.

2) 'Henry and Mudgy(헨리와 머지)' 시리즈

어렸을 때 집에서 강아지를 키운 적이 있나요? 시골에서 여유롭게 사는 삶을 꿈꾸나요? 고즈넉한 외국에서 살고 싶은가요? 이 책은 어찌 보면 아이보다는 엄마가 읽으며 여유를 찾는 책이 아닐까 싶습니다. 항상 침을 줄줄 흘리는 커다란 개 머지와 꼬마 헨리의 일상생활이 주제입니다. 전형적인 미국의 전원생활을 엿볼 수 있습니다. 자연에서 행복한 헨리가 부럽기까지 합니다.

3) 'Daisy(데이지)' 시리즈

첫째 아이가 영어 거부기가 왔을 때, 공백을 깨고 다시 영어책을 읽게 만들어 준 숨은 공신입니다.

첫째 아이에게 그림책을 읽어 줄 때는 두드러지게 좋아하는 장르는 없었지만 좋아하는 책은 있었지요. 그런데 리더스북에서는 선호하는 장르가 생겼습니다. 바로 코믹류였습니다. Daisy 시리즈의 《Eat Your Peas(완두콩을 먹자)》의 주인공 데이지는 첫째 아이와 찰떡같이 잘 맞았습니다.

이 책에서는 엄마가 데이지에게 다양한 보상을 제안하며 완두콩을 먹으라고 합니다. 엄마는 데이지가 완두콩만 먹으면 푸딩도 먹어도 되고, 늦게 자도 되고, 두 달간 안 씻어도 되고, 새 자전거도 사 준다고 합니다. 그리고 결정적으로, 엄마는 '복슬이 필통'을 사 준다고 데이지를 유혹하지요. 데이지가 완두콩을 먹었을까요? 아니요. 데이지는 엄마가 싫어하는 브러셀을 먹으면 자기도 완두콩을 먹겠다고 제안해서 엄마를 울상으로 만듭니다. 결국 둘 다 좋아하는 푸딩을 실컷 퍼먹으며 책이 끝납니다.

데이지 시리즈는 영국식 발음으로 음원이 녹음되어 있습니다. 재미있는 점은 이 시리즈의 그림책의 음원을 들으면 아이도 영국식 발음, 악센트로 말한다는 것이지요. 이제는 영어를 듣다가 영국 발음이 나오면 "데이지처럼 말한다."라고 하거나 "페파처럼 말한다." 하며 영국 발음을 구별하고는 합니다.

4) 'Fly Guy(플라이 가이)' 시리즈

도서관에 영어책을 빌리러 갔다가 찾아낸 보석 같은 시리즈이지요. '플라이 가이'는 애완용 파리의 이름입니다. 파리의 주인은 소년 '버즈'고요. 우연히 만난 파리가 소년의 이름을 "Buzz."라고 부르면서 둘의 인연은 시작됩니다. 이 책을 읽고 나면 아이들과 저의 말장난이 시작됩니다. "It's yumzie." 라던가, "High Fivezzz."와 같은 파리 영어(?)를 써 보는 것이지요.

파리가 주인공이다 보니 더러운 것도 많이 나옵니다. 플라이 가이가 좋아하는 음식인 쓰레기, 길가에서 차에 치여 죽은 동물 등이 등장하는데 아이들은 인상을 찌푸리면서도 더 열심히 봅니다. 글과 그림 모두 재미있습니다. 작가의 유머 감각에 박수를 보냅니다.

5) 'Winnie the Witch(마녀 위니)' 시리즈

이 시리즈의 특징은 커다란 크기의 책에 훌륭한 그림이 가득하다는 것이지요. 그림이 정교하고 정성스럽게 그려져 있습니다.

주인공 위니는 착한 마녀입니다. 그래서 아이들이 더 좋아하는지도 모르겠습니다. 짝꿍 고양이 윌버는 위니의 조력자로 나옵니다. 위니가 위기에 처했을 때 도움이 되고, 어디든 함께 갑니다. 원하든 원하지 않든 간에요. 그러고 보니 추천해 드리는 리더스북의 주인공들이 사람과 사람 또는 사람과 동물로 둘씩 짝지어 나오는 경우가 대부분이군요.

어쨌든 위니에게는 트레이드마크 같은 스타킹이 있습니다. 빨강과 노랑 줄무늬 레깅스지요. 어느 날 첫째 아이가 혼자 웃길래, 무슨 일인지 보니 위니의 레깅스와 비슷한 옷을 찾아낸 거예요. 아이들에게 책 속 등장인물은 이미 실재하는 친구임이 분명합니다.

위니가 마녀이다 보니 역시 호박이 이야기에 많이 등장합니다. 위니가 마법으로 거대한 호박을 만들어서 호박 파이도 만들고, 호박 스콘, 호박 스프를 만들었을 때 둘째 아이가 먹고 싶어했습니다. 급기야 둘째 아이는 주말 농장을 하자는 아이디어를 떠올립니다. 직장에 나간 아빠에게 동영상을 촬영해서 보내기까지 했습니다. 호박을 길러야겠으니 주말 농장을 하게 해 달라고요. 제가 주말 농장을 추진하다 슬그머니 발을 뺀 이유는 늙은 호박을 키우는 것이 쉽지 않다는 것을 알아서였습니다. 하지만 지금도 여전히 빵집에 가서 호박 파이를 보면 이 시리즈가 가장 먼저 떠오릅니다.

내용은 참 재미있지만 책은 난이도가 다소 있습니다. 처음에는 글밥이 더 적은 그림책을 보다가 리더스북을 볼 때쯤 함께 활용해 주세요.

6) 'Step into Reading(스텝 인투 리딩)' 시리즈

이 시리즈는 스텝 1부터 3까지 있는데, 그중 스텝 2가 4~8세 아이들이 보기에 적합합니다. 스토리도 재미있고, 글씨도 커서 첫째 아이가 7세 때 영어 읽기 떼기로 활용했던 책이기도 합니다.

7) 'Charlie and Lola(찰리와 롤라)' 시리즈

다정한 오빠 찰리와 귀여운 여동생 롤라 남매 이야기로, 디브이디로도 친숙합니다. 아이들은 영상물로 접했던 캐릭터를 책으로 볼 때 몰입을 더욱 잘합니다. 'extremely, absolutely, completely, really' 등 다양한 수식어구를 활용해서 강조하는 영국 영어의 특징을 만나 보실 수 있습니다.

우리 아이 맞춤 영어, 단계별 영어책

3. 얼리 챕터북

아이에게 한창 그림책을 읽어 줄 때, 챕터북을 보면 언제 아이가 저런 책을 소화할 날이 올까 막연했던 기억이 납니다. 그림책으로 듣기를 시작해서 귀가 충분히 트이고, 말하기를 시작합니다. 리더스북으로 글자를 읽을 수 있게 되면서 책의 글밥이 점점 늘어납니다. 리더스북을 충분히 즐기고, 내용도 이해할 때 얼리 챕터북을 시작합니다.

챕터북을 시작했다가 어려움을 겪는 친구들이 있습니다. 리더스북에서 자연스럽게 챕터북으로 넘어 가려면 가장 먼저 한글책의 글밥을 봐 주세요. 글밥이 많은 한글 문고판 책도 줄줄 읽고 즐길 수 있어야 영어 챕터북도 즐길 수 있습니다.

듣기와 말하기가 충분하지 않으면, 챕터북 시작은 나중으로 미루기를 바랍니다. 책 읽기를 잘할 수 있는 시간은 초등 고학년부터 성인까지 충분합니다. 그림책과 리더스북, 영상물에 더 많이 노출한 후 챕터북으로 올라가도 늦지 않습니다. 그래야 성인이 되어서 독해만 잘하는 아이가 되지 않습니다. 챕터북 레벨보다는, 아이의 듣기 말하기 수준을 올리는 데 더 집중하면 좋겠습니다.

챕터북을 고를 때부터는 AR지수를 고려해서 선정하면 도움이 됩니다.

AR지수는 미국 교과서 커리큘럼에 맞춰서 1부터 10까지 단계가 나누어져 있습니다. 가령, AR지수가 1.3이라면 미국 초등학교 1학년 3개월 수준을 말합니다. 도서관에 가서 시리즈별로 한 권씩 빌려 아이의 관심도를 확인하는 것을 추천합니다. 생각 외로 어려워 보여도 좋아하는 책이 있을 수 있고, 역시나 '아직은 아니구나.' 하는 책도 있을 수 있습니다.

1) 'Zak Zoo(잭 주)' 시리즈

동물들과 생활하는 잭의 이야기로 8권 시리즈물입니다. 그림이 많고 이야기가 재미있어 챕터북을 시작할 때 볼 만한 책으로 추천합니다. 첫째 아이가 1학년 겨울 방학을 맞고 둘째 아이가 6세가 되었을 때 함께 보기 시작했는데, 그림이 많아서 남매가 같이 해도 무리가 없었습니다.

2) 'Nate the Great(위대한 네이트)' 시리즈

'Zak Zoo' 시리즈에 비해서 현저하게 그림이 줄고, 글밥이 늘어났는데도 아이가 좋아했던 책입니다. 코로나19로 2학년 개학이 미뤄지면서 집에서 매일 1권씩 아침 독서 시간에 함께 보았습니다.

제가 보기에는 네이트 주변에는 참 특이한 친구들과 애완동물이 많습니다. 첫째 아이가 한글 번역본을 나중에 읽고서는, 책에 등장하는 개들의 한국식 이름을 말하면서 깔깔 웃었습니다. 'Fang'은 '송곳니', 'Sludge'는 '질퍽이'가 되었거든요.

3) 'Mercy Watson(머시 왓슨)' 시리즈

왓슨 씨 부부에게 사랑받으며 살고 있는 돼지 머시와 마을 사람들의 이야기입니다. 스토리 구성이 동네 주민들이 많이 나오는 미국 드라마와 비슷한 점이 많습니다. 악역으로 나오는 옆집 아줌마 유지니아가 항상 머시 때문에 스트레스를 받는데 안쓰럽게 느껴질 때도 있습니다. 그림의 색감이 선명하고 스토리가 재미있어 챕터북 느낌이 나지 않는 챕터북입니다. 아이들은 머시가 귀엽다고 하는데, 저는 그다지 공감이 되지는 않습니다. 이 책만 펼쳐들면 둘째 아이는 머시가 제일 좋아하는 "toast with a great deal of butter on it(버터를 많이 뿌린 토스트)"부터 찾습니다.

4) 'Princess in Black(검은 옷의 공주)' 시리즈

아이들이 최초로 좋아했던, 공주가 등장하는 책이었습니다. 사실 이 공주는 참 공주답지 않습니다. 평소에 핑크 드레스를 입고 우아하게 성 안에 있어야 하지만, '몬스터 알람'이 오면 검은 옷으로 변장하고 염소를 구하러 갑니다. 평소에는 핑크 옷을 입은 유니콘이던 공주의 말도, 괴물을 잡으러 갈 때는 멋진 '검정 말'로 변신합니다. 정체를 들키지 않으려고 궁여지책을 펼치는 스토리가 흥미롭습니다. 슈퍼맨이나 스파이더맨이 정체를 숨기는 데서 오는 것과 같은 스릴이 있습니다. 7권의 책이 나왔는데, 처음에 3권만 구매했다가 아이들이 원해서 나머지를 모두 구입했습니다. 특히 둘째 아이가 너무나 좋아했던 공주 책입니다.

5) 'Poppleton(파플톤)' 시리즈

앞서 나온 머시처럼 돼지가 나오는 이야기입니다. 파플톤은 돼지지만 항상 셔츠를 입고 다닙니다. 옷도 많습니다. 《Henry and Mudgy(헨리와 머지)》의 작가 Cynthia Rylant(신시아 라일라)의 작품으로 잔잔한 이야기입니다. 리더스북에서 챕터북으로 넘어갈 때 읽을 만한 책으로 추천합니다.

6) 'Berenstein Bears(베렌스타인 베어스)' 시리즈

첫째 아이가 리더스북을 한참 보던 1학년 여름에 보여 준 책입니다. 그다지 재미있어 하지 않아서 책장으로 들어갔다가, 얼리 챕터북을 보고 있던 2학년 여름 방학에 다시 꺼내어 즐겁게 봤습니다. 미국 휴일, 가족 문화, 학교 생활, 학습, 건강 등을 주제로 다루고 있어 문화 학습에 도움이 많이 되는 책입니다. 아이들이 책을 보고 영상물도 사 달라고 하여 즐겁게 보았습니다.

7) 'Usborne Young Reading(어스본 영 리딩)' 시리즈

총 50권으로 구성되어 핑크, 그린, 레드로 레벨이 나뉩니다. 《신데렐라》와 같은 명작을 재미있게 구성해 놓았습니다. 핑크와 그린은 리더스북을 읽을 때, 레드는 챕터북을 읽을 때 함께 하면 레벨이 적당합니다.

【04】

언제 어디서든
아이의 영어 짝꿍 되기

유치원에 다니는 예닐곱 살의 아이가 있다고 합시다. 그 아이에게 영어의 네 가지 기술 중 하나를 잘하게 하는 마법을 걸 수 있다면 듣기, 읽기, 쓰기, 말하기 중 무엇을 택하겠습니까? 저는 '말하기'입니다.

영어를 잘한다는 기준은 연령별로 다를 것입니다. 중·고등학생에게는 학교 내신 영어의 점수와 수능 등급이고, 대학생에게는 회화 능력과 토익 점수입니다. 회사원은 실용 커뮤니케이션과 영어 문서 작업 능력이 필요하겠죠.

미취학 아이들에게 있어서 영어를 잘하는 아이는 말하기를 잘하는 아이라고 할 수 있습니다. 그러나 말하기 스킬은 참으로도 끌어내기가 힘들고 다른 스킬에 비해 얻는 시간도 오래 걸립니다.

영어 하는 손주가 신통방통한 저희 시부모님은 아이들을 만나면 이렇게 말씀하십니다. "영어로 말 좀 해 봐." 그러면 아이는 "Okay." 라면서 말을 시작할까요? 도망갑니다. 이것은 부산이 고향인 친구 에게 대화 중 갑자기 "경상도 사투리로 말해 봐."라고 하는 것과 흡사합니다.

대학교 때 같은 과 동기 중에 부산에서 온 친구들이 있었습니다. 평소에는 표준어를 쓰다가 그 친구들끼리 모이면 부산 사투리가 터져 나와서 제가 그 대화에 끼지 못하고 한참을 듣기만 했던 기억이 납니다.

바로 이것입니다! 부산 사투리로 말을 걸면 표준어를 쓰다가도 부산 사투리가 나오듯이, 아이가 영어로 말했으면 한다면 영어로 말을 걸면 됩니다! 엄마가 말을 걸 때는 원어민처럼 유창한 영어가 필요한 게 아닙니다. 아이에게 영어로 답을 할 기회만 주면 되지요. 어떻게요?

| 아이에게 영어로 말을 거는 법

영어 습득의 핵심은 다시 강조하지만, '듣기'입니다. 그래서 아이에게 그림책을 읽어 주고, 읽어 준 책의 음원을 반복해서 들을 수 있

게 영어 환경을 만들어 줍니다. 그러면 그다음은요? 그다음에 아이에게 파닉스와 읽기를 가르쳐서 열심히 책 레벨을 올려서 책만 잘 읽는 아이로 만들지 마세요. 초등 저학년이 챕터북을 읽는 것은 대단하지만, 안타깝게도 여기에는 영어의 핵심 기능인 소통 수단으로서의 기능이 빠져 있습니다.

엄마가 아이에게 영어로 말을 걸어 주세요. '영알못' 엄마라 안 된다고요? 걱정 마세요. 저에게 다 계획이 있습니다. 미취학 아이에게 건네는 문장은 3개 단어에서 길어 봐야 5개 단어로 짧습니다. 다음 정도의 발화를 영어로 합니다.

(Can you) Give it to me? (그거 엄마한테 줄래?)

Where's your nose? (네 코는 어디 있어?)

Move over. (옆으로 좀 가 봐.)

(Can you) Bring me some water? (엄마한테 물 좀 가져다줄래?)

Let's go shopping. (쇼핑하러 가자.)

거기에서 더 나아가 저는 아이에게 건네는 말이 좀 더 원어민이 쓰는 표현이었으면 했습니다. 같은 뜻이라도 한국 사람들이 좋아하는 표현과 실제로 원어민들이 즐겨 쓰는 표현은 다를 수 있으니까요. 한 가지 팁은 원어민들이 실제로 쓰는 표현을 아이들의 영어책에서 쉽게 찾을 수 있다는 것입니다. 아이와 함께 책을 보다가 마음에 드는 문장이 있으면, 기억해 두었다가 아이에게 말을 걸 때 활용해 보세요. 한국 출판사에서 만든 영어 교재보다는 영미권 원서에서 표현을 가져오는 게 좋습니다. 영어 학습자가 배우는 영어라는 관점에서 쓰인 책은 문장이 다듬어져 있을 테니까요.

| 영어를 꽃 피우는 말하기

영어를 배우는 아주 훌륭한 방법 중 하나는 배운 표현을 사용해 보는 것입니다. 책에서 보고 읽은 표현, 영상물에서 나온 표현을 실제로 사용하면 그 표현은 내 것이 됩니다. 세 단어 문장을 하루에 세 문장씩 외워서 아이에게 말로 표현할 기회를 주세요. 꼭 영어 선생님이 아니라도 할 수 있습니다.

첫째 아이가 3세 때 이마트 문화센터에 일주일에 한 번 유아 체육 수업을 다녔습니다. 집에서는 영어책을 보고 듣고 했고, 밖에 나갈 때는 영어로 말을 걸어 언어 자극을 주었습니다. 이 연령대에 필요한 영어는 아주 짧은 표현입니다.

책에서 들었던 내용을 다시 구성해서 말을 걸어 줍니다. 엄마가 읽어 주었던 책을 시디로 들려주는 것에서 확장해서 실제로 말로 들

려주는 것이지요. 같이 들었던 노래가 있으면 영어로 부르고, 대화
도 주거니 받거니 하고요. 다른 사람들이 있어도 별로 신경 쓰지 않
았습니다. 아이와 이야기하는 그 시간이 더 소중했으니까요.

이렇게 얼굴에 철판을 깔고 때와 장소를 가리지 않고 영어로 말하
기 자극을 주는 것이 책으로만 영어를 배운 다른 아이와는 다르게
말하기를 잘하는 아이가 되는 원동력이라 생각합니다.

책을 보며 읽어 주고, 음원을 반복해서 듣고, 엄마에게서 들은 것을 아
이가 다시 말로 표현한다.

이게 말하기로 이어지는 듣기의 비결입니다.

마트에서 아이에게 영어로 말 걸기

1. 집에서 나가기 전에

1) We'll go grocery shopping. (우리 장 보러 갈 거야.)

2) Are you ready? (준비됐어?)

3) What do you want to buy at the supermarket? (마트 가서 뭐 사고 싶어?)

2. 마트에서

1) Mommy got a shopping cart. (쇼핑 카트 가져왔어.)

2) Do you want to push the cart? (카트 밀고 싶어?)

3) Where are we going first? (먼저 어디로 갈까?)

4) What's in the shopping list? (장보기 목록에 뭐 있지?)

5) We're going to get stuff to eat. (먹을 것을 살 거야.)

6) Do you want to get an apple? (사과 살 거야?)

7) How many apples do you want? (사과 몇 개 살까?)

8) Put it in the bag. (봉지에 넣자.)

9) What else do we need? (또 뭐 필요하지?)

10) Where can I find juice? (주스가 어디에 있을까?)

11) It's over there. (저기 있다.)

12) Can you put it back? I don't want that. (다시 가져다 놓을래? 그건 안 살 거야.)

13) Let's buy this. It's 20% off. (이거 사자. 20퍼센트 세일이야.)

14) This is buy one, get one free. (하나 사면 하나가 공짜야.)

15) What do you have in your cart? (카드 안에 뭐 있어?)

16) Can you sign for me? [(신용카드 계산 시) 사인 해 줄래?]

17) We're done shopping. (장 보기 다 했다.)

【05】

영어가 재미있는 놀이가
되도록 하라

워킹맘인 제게 아이와 책 읽기는 놀이와 학습을 합쳐 놓은 것 같아 상당히 매력적으로 느껴졌습니다. 영어책 낭독을 듣는 시간이 아이에게는 학습이자, 놀이이자, 말하기이자, 엄마와 애착을 쌓는 시간이었으니까요.

어린이집에서 정기적으로 상담을 할 때 사전 설문 조사지에 어김없이 나오는 질문이 있습니다.

'귀하의 자녀는 가정에서 주로 어떤 놀이를 합니까?'

저는 이 질문에 답하기가 힘들었습니다. 집에 있을 때는 주로 영어책만 읽었으니까요. 특별히 독후 활동을 학습적으로 한 것도 아니었습니다. 대신 책 내용을 실생활에 끌어들이려고 했습니다.

| 일상에서 놀이처럼 하는 영어

아이와 함께 건물 3층 정도 높이는 엘리베이터를 타지 않고 계단으로 올라가고는 했습니다. 첫째 아이가 1학년일 때 아침에 학교에 데려다주고 지하 주차장에 주차한 뒤 다시 둘째 아이의 어린이집 버스 정류장으로 가려면 1층으로 올라와야 했지요. "계단으로 갈까? 엘리베이터 탈까?"라고 물어 보면 아이는 일편단심 계단입니다. 엄마와 손잡고 계단을 오르면서 항상 하는 게 있었습니다. 바로 영어로 숫자 세기.

처음에는 one, two, three, four부터 ten까지만 세다가 나중에는 계단이 끝날 때까지 30대로 숫자가 이어집니다. 자투리 시간 활용은 효과가 좋습니다. 계단 오르기가 끝나면 현관으로 통하는 문이 나옵니다. 함께 마법의 주문을 걸지요.

"Open~ Sesami!"

'Show and Tell(발표 수업)'이라고 하면 무언가 거창하게 들리시나요? 제가 초등학교 때 반에서는 순번을 정해 가며 '3분 스피치'를 했어요. 주제는 상관없이 친구들 앞에 나와 3분 동안 무엇이든 소개하는 것이죠. 아이와 읽은 책으로 3분 스피치와 흡사한 Show and Tell을 하는 방법을 알려 드릴게요.

아이가 편하게 느끼고 좋아하는 영어책이 있다면 그 책이 가장 좋아요. 대신 글밥은 한 면에 굵은 글씨로 한두 줄만 있는 짧은 책을 준비합니다.

씽씽영어의 《This is my family.(나의 가족입니다.)》를 예로 들어 보겠습니다. 책에는 'This is my mommy.(나의 엄마예요.)'부터 시작해서 "This is my~.(여기는 나의~)로 반복되는 말하기 패턴이 있습니다. 책의 마무리는 'I love my family.(나는 가족을 사랑해요.)'입니다. 아이에게 영어책을 읽어 주고 나서 표현에 익숙해진 아이와 스케치북에 가족 그림을 그립니다. 형제자매가 없다 해도 사촌 언니, 오빠까지 동원해서 이해시켜 주세요. 그림이 완성되면 책처럼 우리 가족을 소개해 봅니다. 거의 책과 같은 패턴으로 말을 하게 됩니다.

여기에서 주의할 점은 단어에만 중점을 두어서 "엄마는 mommy이고 아빠는 daddy야."라고 친절히 설명해 주지 마세요. 그림을 보면서 "This is mommy." "This is daday."라고만 합니다. 아이가 스스로 받아들이고, 문장을 기억할 수 있도록 말입니다. 어휘의 의미를 단순히 모국어로 아는 것보다 적절한 상황에서 표현할 수 있는 것이 필요합니다.

아직 스스로 영어책을 읽지 못하는 아이들도 다른 사람들에게 영어책을 읽어 줄 수 있습니다. 정확하게 말하면 책의 그림을 보면서 말을 해 줄 수 있습니다. 한글을 아직 읽지 못하는 아이가 책을 줄줄 읽는 모습을 본 적 있으세요? 신기하게도 진짜 책을 읽는 것처럼 거의 토씨 하나 틀리지 않고 책을 낭독할 수 있습니다. 엄마와 같은 책을 반복해서 읽다가 아이가 거의 외울 정도가 되어서 그림만 보고도 책을 낭독하는 것이지요.

| 영어책 소리 내어 읽기

영어책도 마찬가지입니다. 아이가 그림을 보며 영어책을 소리 내어 읽을 기회를 주세요. 한글을 몰라도 한글책을 읽듯이, 영어를 읽을 줄 몰라도 그림을 보며 책을 읽을 수 있습니다. 그림만 봐도 책을 말할 수 있으려면 그 바탕에는 수없이 반복되는 듣기가 필요합니다.

이 활동이 확장되면 아이가 책을 요약해서 말로 표현할 수 있습니다. 글밥이 아주 적은 그림책부터 시작해서, 리더스북과 챕터북의 스토리도 그림을 보며 요약해서 말할 수 있습니다. 리더스북이나 챕터북을 요약해서 말하려면 상당한 듣기 내공이 필요합니다.

그림책을 읽는 시간도 늘어납니다. 그림책 《My family(나의 가족)》는 1분, 《Froggy(프로기)》 같은 리더스북은 3분, 《Usborn Reading Library(어스본 독서 도서관)》 같은 초기 챕터북은 10분 정도 걸려서 그림을 보고 책 읽기를 했습니다.

영어책을 듣고 말하기를 끌어낼 수 있는 놀이 방법은 스토리텔링 (storytelling)입니다.

둘째 아이가 3세 때 심한 감기에 걸려 열이 오르락내리락한 적이 있었습니다. 밤에 열이 나서 해열제를 먹이고 수건에 물을 적셔 몸을 닦아 냈습니다. 해열제 효과가 나타낼 때쯤 말똥해진 아이가 책을 읽어 달라 했습니다. 아이가 열이 나서 새벽에 잠에서 깨면, 바로 잠이 들지 않습니다. 다행히 둘째 아이는 열이 나도 보채지는 않았습니다. 배즙도 한 잔 따뜻하게 데워 먹이고 둘만의 한밤중 책 읽기가 시작되었습니다. 밤이 가진 신기한 힘이 있죠? 조용하고 어두운 가운데 집중이 잘되지요. 한참 책을 읽다가 아이에게 말했습니다.

"Can you tell me a story?(이야기해 줄 수 있어?)"

사실은 별 기대는 없었습니다. 그런데 아이가 "Once upon a time, there lived three little piggies.(옛날에 아기 돼지 삼 형제가 살았습니다.)"라며 이야기를 시작하는 것이 아니겠어요. 둘째 아이가 그때쯤 접한 《The three little pigs(아기 돼지 삼 형제)》를 들려주었던 것이지요. 이야기는 거기서 엉뚱한 곳으로 흘러가면서 1분가량 이어졌습니다.

모두가 잠든 밤에 엄마랑 단 둘이 깨어 있는 즐거움과 그동안 들어왔던 영어책 낭독의 힘이 더해져 말하기로 뿜어져 나왔습니다.

영어책을 읽어 주고 내공이 쌓이면 이렇게 언제 어디서인지 모르게 아이의 말하기가 트일 수 있습니다. 그러니 책을 읽어 주고 또 읽어 주고, 그다음 기다려 주세요. 아이의 영어 듣기와 말하기 내공이 충분히 쌓일 때까지요.

아이와 놀이할 때 쓸 수 있는 영어 표현

1. 블록 놀이를 할 때

1) We're going to play with block. (오늘은 레고를 가지고 놀 거야.)

2) Let's open and see what's inside. (안에 뭐 있는지 보자.)

3) I'm going to build a dinosaur. (엄마는 공룡을 만들 거야.)

4) Let's make a choo choo train. (칙칙폭폭 기차를 만들자.)

5) Put it on top. (맨 위에 올려 봐.)

6) You're done. (다 했다.)

7) What does it look like? (뭐처럼 생겼어?)

8) It looks likes a train. (기차같이 생겼다.)

9) Push the train around. (기차를 밀어 봐.)

10) The train is so fast. (기차가 빠르다.)

2. 그림 그리기를 할 때

1) What do you want to draw? (뭐 그리고 싶어?)

2) What do you want to draw with? (뭘로 그리고 싶어?)

3) Do you want to color the picture? (색칠하고 싶어?)

4) What color do you want? (무슨 색 하고 싶어?)

5) What's your favorite color? (제일 좋아하는 색이 뭐야?)

6) I'll put it on the wall. (벽에 붙여 줄게.)

3. 놀이터에서 놀 때

1) Let's go to the playground. (놀이터에 가자.)

2) I'll help you up the steps. (계단 오르는 거 도와줄게.)

3) Slide down the slide. (미끄럼틀 타고 내려와.)

4) Are you afraid? (무서워?)

5) Mommy can catch you. (엄마가 받아 줄게.)

6) Do you want to play on the swing? (그네를 타고 싶어?)

7) It's your turn. (네 차례야.)

8) Do you want me to push you? (그네를 밀어 줄까?)

9) Hold tight. (꽉 잡아.)

10) Do you want to go high? (높이 밀어 줘?)

11) What do you see? (뭐가 보여?)

12) Do you want to play on the seesaw? (시소를 탈까?)

13) It's time to go home. (집에 갈 시간이야.)

4장

쉽게 따라 하는
영어 듣기 비법

【01】

영어 전집 구매가 다는 아니다

"유교전(서울국제유아교육전)에 갔다가 마음에 드는 영어 전집을 찾았는데, 가격이 비싸도 너무 비싸요. 전집이 100만 원이 넘어요. 세트로 사면 300만 원대예요. 이걸 사서 센터에 보내면서 집에서 제가 애 영어를 해 볼까, 아님 영어 유치원에 보낼까 고민이에요."

영어 교육에 관심이 있는 한 엄마와 상담을 했습니다. 아이가 5세가 되었는데 영어 유치원을 보낼까 아니면 전집을 사서 센터를 보낼까 고민을 합니다. 그리고 하나 더, 일반 유치원을 보내고 나서 영어 유치원 방과 후 수업을 보내는 것도 대안으로 고려하고 있었습니다.

영어 전집은 아이들뿐만 아니라 저에게도 정말 고마운 존재입니다. 첫째 아이가 24개월이 되었을 때 중고로 들여서 매일 전집과 함께 살았다고 해도 과언은 아니니까요. 특히나 뮤지컬 선율의 영어 노래는 엄마가 들어도 신나기도 가슴 뭉클하기도 하니, 온종일 책과 노래를 틀어 주고 함께 춤추고 노래 부르기 좋았습니다.

첫째 아이가 영어책 듣기를 시작한 지 4개월이 지난 24개월에 "I don't know."라고 하며 어깨를 으쓱했던 것도 이 책에서 들었던 표현입니다.

그런데 이 책으로 일주일에 한 번씩 센터에 다니면 무언가가 이루어지리라 기대하면 안 됩니다. 책이 참 좋은 것은 인정합니다만, 이런 책은 앞으로 아이가 수백 권은 들어야 합니다. 고가 전집 세트를 들여 놓고, 비싼 카드 값 내고 있으니 가슴에 위안을 삼으시겠습니까? 아이가 영어를 습득하기 위해 가장 중요한 것은 영어의 충분한 인풋, 즉 '듣기'입니다.

이런 전집이 출시된 지 몇 년이 흘러서 지금은 당근마켓이나 중고나라 같은 중고시장에 많이 나와 있습니다. 새 제품의 반도 안 되는 가격이면 구매할 수 있습니다. 대신 중고를 사면 홈스쿨이나 센터 수업을 받을 수 없겠죠. 그렇지만 수업을 못 받으면 어떻습니까? 로또 같은 전집을 사서 한방에 영어를 잘하게 해 줄 수는 없습니다. 로또 같은 전집도 읽어 주고, 경쟁사 책도 단계별로 들여서 읽어 주고, 싼 거 비싼 거 할 거 없이 아이가 좋아할 만한 책을 꾸준히 구해서 들려 주세요.

| 영어책을 사고 빌리고 비우는 법

아이가 그림책을 읽는 단계에서는 단행본 외국 서적과 교육용 전집을 둘 다 활용하는 편이 효율적입니다. 에릭 칼이나 앤서니 브라운과 같은 유명 작가들의 단행본은 먼저 도서관이나 대여 사이트에서 빌려 보고, 그중 아이가 좋아하는 책이 있으면 구매해 주세요.

영어 교육용으로 나온 한국 출판사의 전집은 중고로 찾기가 편리합니다. 교육용 영어 전집은 세이펜과 디브이디 활용도 잘 되어 있어서 엄마가 활용하기도 좋습니다. 저는 새 책과 중고 책을 골고루 구매했습니다.

도서관에서 2주에 한 번씩 온 가족의 회원카드로 책을 빌려오기도 했습니다. 인당 7권씩, 4인이면 한 번 가서 28권을 2주 동안 빌릴 수 있습니다. 시디까지 같이 빌려야 하니 웬만한 배낭 크기의 가방이 필요합니다. 아이들이 수시로 책을 봐야 하고 전에 읽었던 책도 반복해서 봐야 하기에 집 책장에도 어느 정도 책은 있어야 합니다. 그런데 도서관만의 아주 좋은 장점이 있습니다. 내가 미처 알지 못하거나 찾아내지 못했던 숨은 진주 같은 책들을 만날 수 있다는 점이지요. 특히 도서관은 외국 작가들의 단행본 그림책을 보기에 좋습니다.

아이가 직접 읽고 싶은 책을 골라서 집에 가져오니 흥미와 관심이 커집니다. 그러나 도서관에서 지속적으로 책을 대여해 오는 일은 엄마의 에너지를 많이 필요로 합니다. 엄마가 다른 일에 지쳐 있지 않고 여유가 있을 때 가능하지요. 그래서 기본적으로 집에 책을 마련해 두는 것이 필요합니다.

책을 고르다 보면 욕심이 날 때가 있습니다. 리더스북을 보는 우리 아이에게 챕터북을 읽히고 싶은 거죠. 특히 온라인으로 책을 구매할 때 왜 이렇게 아이에게 사 주고 싶은 책이 많은지요. 영어책 공구라도 하려고 하면 이 가격에 다시 없다고 광고를 합니다. 그래서 어떤 엄마들은 아이의 단계보다 훨씬 앞선 단계의, 미래의 책을 구매해서 쟁여 놓습니다. 네, 언젠가는 아이가 커서 보겠지요. 그러나 아이가 실제로 그 책을 볼 때가 되면 중고 책이 되어 있을 겁니다.

저는 그러한 사태를 막기 위해 책을 지속적으로 구매하되 전체 책의 양은 거실 책장 안에 들어갈 수 있는 정도로만 유지했습니다. 거실 책장은 전면 1,200센티미터 5단짜리 2개와 80센티미터 5단짜리 2개가 있었습니다.

아이가 훌쩍 커서 더 보지 않는 책들은 나눔, 중고 판매, 버림으로 나눠서 처분하고 난 후 새 책을 들이며 책의 양을 유지했습니다. 아이가 열심히 본 책을 정리하여 책장을 비우면 뿌듯합니다. 책을 고를 때도 마찬가지로 책을 정리할 때도 반드시 아이에게 의사를 물어봐 주세요. 아이들이 나중에라도 찾는 경우가 있으니 아이가 좋아하는 책을 정리할 때는 꼭 허락을 받는 것이 좋습니다.

앞서 언급한, 영어 유치원을 보내야 하는지, 고가의 영어 전집을 사야 하는지 질문한 어머니와 한 시간 넘게 상담했습니다. 그 분의 상황을 충분히 들을 수 있었습니다. 워킹맘인 그분은 많이 지쳐 있었고, 아이에게 꾸준히 책을 들려주어 영어 듣기 노출을 충분히 할 수 있는 상황이 아니었습니다.

가정마다 상황이 다릅니다. 저는 아이가 집에서 엄마와 책을 통해 영어 듣기부터 시작해서 말하기, 읽기, 쓰기로 확장해 나가는 방법이 너무 좋습니다. 그래서 많은 엄마들이 이렇게 자녀 영어 교육을 했으면 좋겠습니다. 하지만 상황에 따라 이것만이 정답은 아닙니다. 영어 유치원에 보내셔도 됩니다. 단, 아이에게 책 읽어 주기는 꼭 병행하십시오!

도서관에 가면서 쓸 수 있는 영어 표현

"오늘날의 나를 있게 한 것은 우리 마을 도서관이었다." 빌 게이츠(Bill Gates)의 말입니다. 아이와 도서관에 가면 좋은 일이 참 많습니다. 영어에 흥미가 없는 아이라면 새로운 자극을, 무슨 책을 읽어 줘야 할지 고민하는 엄마라면 새로운 영감을 얻을 수 있습니다.

1. Do you want to go to the library? (도서관에 가고 싶어?)

2. How do we get to the library? (도서관에 어떻게 가지?)

3. Let's take the bus. (버스를 타자.)

4. There's children's section over there. (저기 아동 코너 있다.)

5. We should be quiet here. (여기서는 조용히 해야 해.)

6. You can pick the books you want to read. (읽고 싶은 책을 골라 봐.)

7. I'm looking for a book titled 《Maisy》". (《메이지》라는 책을 찾고 있어.)

8. Do you want to read this book? (이 책 읽고 싶어?)

9. We can borrow books. (우리는 책을 빌릴 수 있어.)

10. Take the books to the librarian. (책을 선생님께 가져 가.)

11. Here's your library card. (도서관 카드는 여기 있어.)

12. Put the books in the bag. (책을 가방에 넣어.)

13. Do you want to carry this bag? (이 가방 들을래?)

14. Do you want to check out this book? (이 책 대출할까?)

15. This book is due tomorrow. (이 책은 반납 기간이 내일이야.)

16. Do you want to return this book? (이 책 반납할까?)

17. This book is overdue. (이 책은 반납 기간이 지났어.)

【02】

영어 영상물로
영어 들려주기

아이에게 영어책 낭독을 들려주니 아이가 점차 영어에 흥미를 보입니다. 아이가 영어로 말하기를 시작한다면 엄마는 무척 기쁠 것입니다. 그런데 매일 아이와 집중해서 책 낭독을 들려주는 일이 쉽지만은 않습니다. 영어 단어 시험에서 100점을 받아 오는 것처럼 성과가 바로 보이지도 않고 말이죠. 이럴 때 들리는 가뭄의 단비 같은 소리. "아이에게 영어 영상물을 보여 주세요."라는 말입니다. 이처럼 엄마에게 달콤한 휴식 시간을 주는 말이 어디 있을까요.

| 영어 영상물 고르기

아이가 볼 수 있는 영상물은 크게 두 가지입니다. 영어 도서 전집과 함께 나오는 교육용 디브이디와 애니메이션입니다. 교육용 디브이디는 배우들의 영어 콩트, 책 다시 읽기, 노래, **챈트**(Chant) 등으로 구성되어 있습니다. 미취학 아이들이 그림책을 읽을 시기에 함께 보기에 적합합니다. 상황별 특정한 표현이 반복되니 아직은 영어가 미숙한 아이들이 영어 표현을 익히기에 좋습니다. 이런 영어 교육용 디브이디는 단계가 낮아 초등학교 입학 후에는 활용하기가 힘듭니다.

우리가 보통 말하는 영어 영상물은 '영어로 소리가 나오는 만화'를 말합니다. 주로 텔레비전으로 방영되었던 애니메이션에 영어 더빙을 입힌 것입니다. 텔레비전은 아이가 영어 영상물을 볼 때만 활용합니다.

둘째 아이는 4세 때부터 영어로 애니메이션을 보기 시작했습니다. 친구들이 집에 놀러 왔을 때에야, 처음으로 〈뽀로로〉를 한글로 보여주었습니다. 그전까지는 아이에게 뽀로로가 한국어로 말할 수 있다는 사실도 비밀로 하고 싶었습니다.

아이들은 애니메이션이라면 영어라도 재미있게 봅니다. 돼지 가족 이야기 〈Peppa Pig(페파피그)〉를 아이들이 보고 있노라면 웃음소리가 끊이지 않습니다. 서양 가족의 생활 문화, 놀이, 음식을 엿볼

---

* 챈트(Chant)
단어에 음을 붙여 짧게 말하는 것으로 반복해서 부른다.

수 있습니다. 심지어 제스처까지 닮아 갑니다.

만화에는 남매가 많이 등장합니다. 〈Peppa Pig〉의 아기 돼지 파페와 조지, 《I Can't Stop Hiccuping!(딸꾹질이 안 멈춰!)》의 찰리와 로라, 'Berenstein Bears' 시리즈의 오빠 곰과 여동생 곰처럼 말이죠. 저희 아이들도 남매인지라 공감대가 더욱 있었을 것으로 생각합니다.

공감이라는 측면에서, 디브이디를 고를 때 아이의 나이와 비슷한 또래의 주인공이면 더 좋습니다.

| 영어 영상물을 보여 줄 때 지킬 것

영어 영상물을 보여 줄 때 엄마가 반드시 염두에 둬야 할 점이 있습니다. 아이가 영상물을 접했을 때 뇌 발달이 어떻게 되는가입니다. 아이의 두뇌 발달에 있어서는 시냅스가 중요한데, 이 시냅스의 발달은 36개월까지 이어진다고 합니다. 자극적인 영상물이 아이 뇌 발달에 좋을 리가 없지요. 그래서 저는 영어 영상물 활용은 4세부터, 하루 1시간 미만으로 하기를 권합니다.

코로나19로 아이들이 집에 있는 시간이 많아지면서 영상에 노출되는 시간도 어느 때보다도 늘어났습니다. 초등학생은 온라인 클래스로 전환되고, 유치원 아이들도 밖에서 마음껏 놀지 못하니 영상물

시청 시간이 당연히 증가할 수밖에요. 그래서 영어 동영상을 보여줄 때도 아이와 반드시 시청 시간을 약속하고 지킬 수 있도록 해야합니다.

유튜브에는 없는 것이 없습니다. 무료로 이렇게 재미있는 애니메이션을 볼 수 있다는 것에 감사하지만, 거꾸로 말하면 끝도 없습니다. 텔레비전처럼 끝나는 시간이 없으니 끝도 없이 보고 싶습니다. 영상에 영상이 이어지니 쉽게 다른 영상물을 보게 됩니다. 엄마가 보여주기로 계획했던 그 영상물만 아이가 볼 수 있도록 해주세요.

넷플릭스 또한 다양한 영어 애니메이션을 아주 편하게 볼 수 있습니다. 그런데 넷플릭스도 역시 엄마가 곁에 없을 때 예상하지 못한 일들이 일어날 수 있습니다. 예를 들어, 아이가 동영상은 열심히 보고 있는데 텔레비전에서 아무런 소리가 나지 않습니다. 〈라바〉를 보고 있습니다. 또 어느 날은 아이가 보고 있는 만화에 싸움 장면이 나옵니다. 아이가 보기에는 잔인해 보였습니다.

이런 사고들을 예방하고자 우리 집은 다시 초심으로 돌아갔습니다. 영어 동영상은 디브이디로만 본다! 이 경우에 텔레비전은 디브이디를 틀어 주는 모니터 역할만 할 뿐입니다. 영어 디브이디에도 영어 레벨이 정해져 있습니다. 아이가 어렸을 때는 차분하고 아이다운 만화를 봐야 합니다. 너무 화려하고 자극적인 영상부터 접하면 다시 돌아가기가 힘듭니다. 아이들이 처음부터 디즈니 애니메이션을 잘 본다고 하더라도 그 내용을 모두 이해하고 있는 것은 아닙니다. 영상은 언제나 우리 뇌에 자극적이기에 화면만 보아도 즐겁죠.

한 엄마가 고민 상담을 했습니다. 아이에게 동영상을 보여 주었는데, 아이가 엄마에게 하나도 모르겠다고 엄마가 한글로 알려 달라고 해서 아주 난감한 상황이었습니다. 그 재미있는 애니메이션이라도 때로는 이해가 안 되면 보는 것이 고역인가 봅니다.

아이들이 처음에 동영상을 보기 힘들어 하면 거기에서 중단하고 책으로 돌아가세요. 그림책을 보면서 그림에 맞는 말들을 먼저 익혀 갑니다. 영어 동요도 부르고 읽은 책의 권수가 쌓인 후 다시 동영상을 시작합니다. 책과 디브이디의 주인공이 같은 경우 아이들이 디브이디를 친근하게 접할 수도 있습니다.

그리고 동영상을 보는 시간은 5분 정도, 아주 짧은 시간부터 늘려 가세요. 한국어로는 해석하지 않는 방법을 권합니다. 모국어의 간섭 없이 화면을 보며 말을 이해하면 결국에 그대로 내 것이 됩니다. 너무 어려워할 때에는 차라리 한국어 버전으로 먼저 보여 주고 다시 같은 동영상을 영어로 보여 주세요.

이제부터 애니메이션을 볼 때는 영어 아니면 볼 수 없는, 선택의 제한을 두고 단호하게 실행하시기 바랍니다. 저는 아이가 놀이하는 시간도 영어를 습득하는 시간이 되었으면 했습니다. 한글로 애니메이션을 보여 주지 않으니 아이도 찾지 않았습니다. 단 엄마가 준비해 둔 디브이디 안에서는 아이가 자유롭게 골라서 시청했고, 또 보고 싶다는 디브이디가 있으면 구해 주었습니다.

연령별에 따른 추천 영어 영상물

1. 3~5세

주인공의 나이가 아이와 비슷하면, 아이들이 더 관심을 갖고 공감할 수 있습니다. 처음 영어를 시작하는 아이라면, 연령 관계없이 첫 영상물로 추천합니다.

1) 〈Peppa Pig(페파 피그)〉 : '가족 유머'

동그란 몸에 새처럼 가느다란 다리를 가진 돼지 가족, 페파네는 항상 즐거운 에피소드가 많습니다. 한 편에 5분 정도로 러닝시간이 짧고 문장이 간결합니다. 엄마가 보기에도 재미있습니다. 단, 영국 악센트가 익숙하지 않은 엄마들에게는 호불호가 갈렸습니다.

2) 〈Super Wings(슈퍼윙스)〉 : '세계 여행'

슈퍼윙스 등장인물 중 '제롬'이 있는데, 둘째 아이의 영어 이름은 바로 여기서 따온 것입니다. 전 세계로 미니 비행기들이 택배 배달을 다니며, 세계의 문화를 보여 줍니다. 코로나19로 여행도 힘든데, 아이들과 방구석 세계 여행을 떠나기에 좋은 영상입니다.

3) 〈Timothy Goes to School(티모시 유치원)〉: '유치원 문화'

티모시가 다니는 유치원을 중심으로, 동물 유치원생의 일상이 잔잔하게 묘사되어 있습니다. 한국 아이들은 눈이 오면 보통 눈사람을 만들고 눈싸움을 하지요. 티모시 유치원 아이들도 비슷하지만, '스노우 엔젤'이라는 것을 합니다. 스노우 엔젤은 눈 위에 누워 팔다리를 위아래로 휘저으면 눈 위에 생기는 천사 날개 자국을 말합니다. 우리 아이들도 티모시 유치원을 보고 나서 눈만 오면 땅바닥에 드러눕고 양팔을 퍼덕입니다. 눈이 적게 내려 쌓이지 않은 날에도 흙바닥에서 버둥거리는 날이있는데 그날은 빨래하는 날입니다.

4) 〈Max & Ruby(맥스 앤 루비)〉: '미국 남매의 일상'

야무지게 말하는 누나 루비와 말이 거의 없는 동생 맥스의 일상입니다. 미국 아이들의 전형적인 일상 모습과 문화를 엿볼 수 있습니다. 똑 부러지게 말하는 루비의 미국 말투를 한번 들어보세요.

2. 6~8세

영어 듣기에 조금 익숙한 아이에게 추천하는 영상물입니다.

1) 〈Charlie and Lola(찰리 앤 롤라)〉: '영국 남매의 일상'

친절한 오빠 찰리와 똑순이 롤라의 일상을 다룬 이야기입니다. 아이들의 영국 발음이 참 매력적입니다. 아이가 그동안 미국 발음을 듣는 것에 익숙했다면 이 애니메이션을 통해 영국 발음에 대해 알아갈 수 있습니다.

2) 〈Go Diego Go(고 디에고 고)〉: '모험'
애니메이션 <도라 디 익스플로러>의 사촌 디에고가 동물을 구조하는 이야기입니다. 디에고와 도라가 라틴계인 관계로 영어와 더불어 스페인어도 짤막하게 말하는데, 역시 아이들은 두 언어를 구분하지 않고 잘 받아들입니다.

3) 〈Octonauts(옥토넛)〉: '해양 탐험'
둘째 아이가 가장 사랑한 영상물이에요. 시즌 1부터 4까지 모두 보고 더 이상 나온 에피소드가 없어 너무 아쉬워할 정도였습니다. 둘째 아이가 5~6세 때 즐겨 보았는데, 바다에 관한 지식도 많이 늘고, 영어로 해양 생물에 관해 한참 많이 이야기할 때가 이때였습니다.

4) 〈The Magic School Bus(매직 스쿨 버스)〉: '과학'
매직 스쿨버스는 한글책으로도 나와 초등 저학년들의 사랑을 받고 있습니다. 그런데 과학 내용을 다뤄 호불호가 갈립니다. 저희 집에서도 첫째 아이는 책과 영상물에 관심 없었으나, 둘째 아이는 보고 또 보고 한 책입니다.

【03】

영어를 듣고
또렷이 기억하는 법

흘려듣기, 집중 듣기, 연따……. 이런 표현을 들어 보셨나요? 엄마표 영어책들을 보면 이 용어들이 공식처럼 나와 있습니다. 제가 영어 교육을 공부할 때 접한 교육 용어에는 없던 것을 보니 '엄마표 영어'라는 말이 새로 만들어진 것처럼 이 용어들도 신조어인 듯합니다.

'흘려듣기'는 책이나 동영상을 보지 않을 때 음원을 틀어 두어 아이가 소리를 듣게 하는 개념입니다. 그런데 여기에서 주의해야 할 점이 있습니다. 흘려듣기는 아이가 책이나 동영상에서 충분히 그림과 영상을 통해 상황을 이해하고, 그 소리가 무슨 말인지 알아들을 때 해야 합니다.

어른들이 CNN 방송을 듣는다고 합시다. 무작정 CNN 방송을 틀어 놓으면 들릴까요? 세계적으로 이슈가 된 사건이 있어 이미 한국 뉴스 방송에서 내용을 접했고, 관련 신문 기사도 읽었다고 가정합시다. 모르는 어휘도 찾아보아서 이제 영어로 쓰인 기사를 쭉 읽으면 내용 파악이 됩니다. 그리고 나서 CNN 뉴스를 반복해서 듣는다면 어려운 내용도 이해할 수 있습니다. 뜻도 모르고 그냥 반복해서 들어서는 소음에 불과할 뿐입니다. 노력은 많이 했어도 기억에 남지는 않습니다.

| 아웃풋을 부르는 듣기와 상황 연결

《까이유 베이비》보드북에는 "The ball is under the bed. The socks are in the drawer. (공은 침대 밑에 있어요. 양말은 서랍 안에 있어요.)"라는 표현들이 나옵니다. 아이에게 듣기와 상황을 짝지어 주어야 합니다. 책을 보여 주지 않은 상태에서 소리에 의미를 부여하지 않고 들려만 주는 것은 언어 습득에 도움이 되지 않습니다. 또 너무 어려운 내용의 책이나, 그림이 없고 글밥만 많아서 이해가 되지 않는 책 낭독을 들려준다면 그 또한 말하기의 아웃풋으로 나오기가 힘듭니다.

듣기와 상황을 짝지어 준 뒤에 하는 듣기는 다다익선입니다. 시디를 틀어만 주면 되기 때문에 엄마가 힘들 일도 없고, 영어책을 읽어 주지 않아도 아이의 귀가 열릴 수 있습니다.

  그렇다면 책을 읽어 주고 어떻게 흘려듣기로 효과적으로 연결할 수 있을까요? 먼저, 책을 읽기 전에 음원에 노래가 있다면 틀어 줍니다. 이는 '책 읽기 전 활동'에 해당하며, 신나는 노래로 아이의 호기심을 유발할 수 있습니다. 아이가 이 단계에서 노래를 많이 들어서 이미 흥얼흥얼할 수도 있습니다.

  본격적으로 책을 읽을 때는 '책을 읽으며 하는 활동'에 해당합니다. 아이가 영어책 읽기를 아직 못한다는 전제하에 엄마가 들려줍니다. 세이펜을 사용해도 좋습니다. 중간 중간 그림을 보며 아이와 관련된 이야기를 많이 넣어 주세요. 《Who stole the cookies from the cookie jar?(누가 쿠키 항아리에 있던 쿠키를 훔쳤을까?)》이라는 책을 읽고 있다고 합시다. 중간에 아이와 쿠키를 훔치는 흉내도 내어 보고, 어깨를 'shrug(으쓱하며 난 아니라는 듯)'하며 억울한 표정도 지어봅니다. "Who stole the cookies from the cookie ___?"처럼 마지막 말을 안 하면서 아이가 말할 수 있게 유도합니다. 페이지마다 쿠키 통이 어디에 있는지 손가락으로 가리켜 보게도 하고, 마지막에는 진짜 범인을 맞추어 봅니다.

  마지막으로 '책을 읽고 난 뒤의 활동'을 합니다. 재미나게 읽었던 책과 노래를 반복해서 들어보는 것이지요. 아이가 밥을 먹을 때나, 퍼즐, 레고, 종이 접기, 기타 그다지 중요하지 않은 일 등을 할 때 틀어 놔서 아이 귀에만 들리면 됩니다. 안 듣는 것처럼 보여도 아이는 다 듣고 있습니다. 중간에 재미있는 부분이 있으면 갑자기 웃기도 하고, 노래도 따라 부르니까요.

| 책의 부록인 듣기 파일 활용하기

책을 고를 때 시디나 엠피스리(MP3) 파일의 형태로 음원이 있는 책이 좋습니다. 어떤 경우에 책은 너무 좋으나 시디 녹음 방식이 별로였던 것도 있습니다. 예를 들어, 한 그림책 전집이 있습니다. 그런데이 전집의 시디는 선생님이 한국어로 책 내용을 설명하는 방식으로 구성되어 있었습니다. 아이가 그림을 보며 모국어 간섭 없이 영어로 내용을 받아들이고 있었는데, 선생님이 한국어로 설명해 득이 아닌 실로 보였습니다. 그래서 이 책의 경우에는 시디를 반복해서 들려주지는 않았습니다. 반복해서 들려주기에 적합한 음원은 아니라고 판단했을 때는 엄마 선에서 '아웃'입니다.

동영상도 마찬가지입니다. 아이와 애니메이션을 시청하고 소리와 상황(context)이 연결되어 의미 파악이 된 후에 소리를 들려주세요. 책은 원래부터 듣기용으로 나왔기 때문에 들려주기가 적절한 데에 비해, 동영상은 장르에 따라 걸러 줘야 할 것들이 있습니다. 영상물은 효과음이나 배경 음악이 깔려 있습니다. 화면을 볼 때는 모르겠으나 듣기만 하게 되면 말 소리보다 음악이 너무 긴 경우가 있습니다. 이런 경우는 듣기용으로는 권하지 않습니다.

최근에는 아이들이 디브이디보다는 넷플릭스와 유튜브로 영상을 많이 봅니다. 바야흐로 무료 콘텐츠가 홍수처럼 쏟아지는 시절이지요. 10세가 된 첫째 아이가 20개월에 영어를 시작했을 때에는 IPC-7080이라는 디브이디 플레이어가 참 인기가 많았습니다. 텔레비전 화면은 끈 채 소리만 들려줄 수 있는 기능이 있었기 때문이죠. 저희 집에서는 여전히 디브이디 플레이어 중심으로 동영상을 봅니다. 제한된 범위에서 영상을 보고, 영상 노출 시간을 지키기 위해서입니다.

제가 아침에 눈을 떠서 가장 먼저 하는 일은 어제 읽었던 책의 시디를 트는 것입니다. 우리 인간은 참 '귀차니즘'의 동물이에요. 미리 시디가 플레이어에 꽂혀 있지 않으면 버튼 하나 눌러서 켜기도 못하는 날이 있을 정도지요. 그걸 방지하기 위해 전날 밤 제정신일 때, 미리 아침에 틀어 줄 시디를 찾아 넣어 둡니다.

아침에 어린이집에 가기 전 준비 시간이나 차량 이동 중과 같은 자투리 시간에도 아이들은 자기 일을 하면서 귀로는 음원을 듣습니다. 여행 가는 길에는 아이들이 지루하지 않도록 신나는 영어 동요를 선곡합니다. 집중해서 운전하는 아빠에게는 조금 미안하지만요.

쉽게 따라 하는 빈칸 채우기 게임

3~5세 아이들이 처음 영어 문장을 듣고 따라하는 모습을 유심히 관찰한 적이 있습니다. 아이들은 문장의 마지막 단어부터 외치기 시작했습니다. 마지막 단어라 기억하기 쉬웠기 때문이었겠죠. 여기에서 생각해 낸 것이 '말 흐리기(빈칸 만들기)'입니다. 영어를 처음 접한 아이는 문장을 완성해서 말하기 힘드니, 엄마가 만든 문장 안에서 말할 수 있는 기회를 주세요. 가령《Who stole the cookies from the cookie jar?》이라는 책을 읽어 준 후에 "Who stole the cookies from the cookie ___?"처럼 마지막 단어를 아이가 생각해서 말할 기회를 주는 것이지요. 아이는 이미 충분히 책 낭독을 들었기 때문에 어렵지 않게 적절한 단어를 넣을 수 있습니다. 그리고 이어지는 엄마의 폭풍 칭찬에 아이는 영어가 더욱 즐거워집니다. 다음의 영어 동요와 책 내용을 통해 활용해 보세요.

1. 영어 동요

1) Muffin Man

Do you know the muffin man? The muffin man, the muffin man.

Do you know the muffin man who lives in Drury Lane?

2) Rain, Rain, Go Away

Rain, rain, go away, come again another day,

little Yuri wants to play, Rain, rain, go away.

3) Head and Shoulders

Head and shoulders, knees and toes, knees and toes,

Eyes and ears and mouth and nose,

Head and shoulders, knees and toes, knees and toes.

4) The Eensy Weensy Spider

The eensy, weensy spider went up the water spout.

Down came the rain and washed the spider out.

5) Hickory Dickory Dock

Hickory Dickory Dock, The mouse ran upthe clock,

The clock struck one, The mouse ran down,

Hickory Dickory Dock.

6) From head to toe

I am a penguin and I can turn my head.

Can you do it? I can do it.

2. 영어책

1) 'Charlie and Lola' 시리즈 중에서

I have this little sister, Lola. She is small and very funny.

2) 《Froggy learns to swim》 중에서

Bubble bubble, toot toot. chicken, airplane, soldier.

3) 'Fly Guy' 시리즈 중에서

A boy had a pet. He named him Fly Guy. And Fly Guy could say the boy's name – Buzz!

4) 《The Teeny Tiny Woman》 중에서

A teeny tiny woman lived in a teeny tiny house. One day she put on her teeny tiny hat. She got her teeny tiny bag.

((【04】

영어 낱말 카드를
활용하라

둘째 아이가 카드를 꺼내 보며 놀고 있습니다.

Peppa is going to the beach. (페파는 해변으로 갑니다.)

Peppa made a sand castle. (페파는 모래성을 만들었습니다.)

Daddy pig, mommy pig, and Peppa (are) having breakfast. (아빠 돼지, 엄마 돼지, 그리고 페파는 아침을 먹습니다.)

George is the pirate. (조지는 해적입니다.)

우리 집에는 두 종류의 영어 낱말 카드가 있었습니다. 하나는 씽씽 영어, 다른 하나는 〈Peppa Pig〉 영어 낱말 카드였습니다. 영어 낱말 카드가 눈앞에 있다고 생각해 봅시다. 무엇을 할 수 있을까요?

영어 낱말 카드를 어떻게 사용할까 야무지게 째려보았습니다. 5
세 둘째 아이에게 낱말 카드로 영어 단어를 가르치고 싶지는 않았습
니다. 게다가 낱말 카드 구성이 읽기 쉬운 단어로만 되어 있지 않고,
어려운 단어들도 섞여 있었습니다. 동사도 원형뿐만 아니라 과거시
제와 과거분사 형태도 나와 있었습니다. 낱말 카드에는 보통 없는
전치사나 의문사까지, 가령 been이라든지, get, off 등의 단어가 있
어 아이에게 이해시키는 일이 쉽지 않아 보였습니다. 그런데 자세히
보니 낱말 카드마다 그림이 있고, 그 밑에 그림과 관련된 문장이 쓰
여 있습니다.

낱말 카드를 한 장씩 보여 주면서 상황을 읽어 줍니다. 예를 들어
'new'라고 쓰여 있는 카드 밑에 'George'가 장난감을 들고 있는 모
습이 보입니다. 그리고 그 아래에는 "George has a new toy.(조지는
새로운 장난감을 가지고 있다.)"라고 쓰여 있습니다. 여기에서 무릎을 탁 하
고 쳤습니다.

| 그림과 함께 알려 주는 어휘

어휘를 배울 때 단어만 알면 안 됩니다. 그 단어가 쓰인 맥락을 함
께 알아야 합니다. 그래야 그 단어를 다음에 활용할 수 있습니다.

been 낱말 카드에는 "Have you been to school today?(오늘 학교에 다녀왔니?)"라고 쓰여 있고 학교 그림이 있습니다. 혹시 "been이 be 동사의 과거분사이고, have와 함께 현재완료로 쓰였어."라고 아이에게 친절하게 설명하셨나요? 그렇다면 아이는 다시는 낱말 카드를 들고 오지 않을지도 모르겠습니다.

이렇게 어휘를 알려 줄 때는 문장과 그림을 함께 알려 주는 방법이 말하기에 정말 좋습니다. 엄마가 'rabbit' 낱말 카드를 그냥 rabbit이라고만 읽어주면, 그 이상 확장이 되지 않습니다. 아이도 엄마가 읽어 준 단어를 보고 rabbit이라고만 말하겠지요. 물론 그것만으로도 잘한 것이기는 합니다. 그런데 같은 낱말 카드도 "My name is Rebecca. I'm a rabbit.(내 이름은 레베카야. 나는 토끼지.)"이라고 문장으로 읽어 주면 rabbit이라는 어휘를 배움과 더불어 "I'm a rabbit."이라는 말하기를 할 수 있는 것입니다.

둘째 아이가 5세 때 낱말 카드를 잘 가지고 놀았습니다. 카드를 담아 두던 봉지에서 낱말 카드를 하나씩 꺼내며 그림을 보고 설명했습니다. 그 과정에서 스스로 재미를 느끼고, 다음에는 어떤 낱말 카드가 나올지 궁금해했습니다. 낱말 카드 말하기 놀이가 된 것입니다.

내용을 들어 보면 낱말 카드 밑에 쓰여 있는 문장과는 전혀 다른 말들이 있습니다. 그림을 보고 문장을 지어 낸 것이지요. 하지만 낱말 카드와 단어만 달랑 들려주었더라면, 문장 확장은 없었을 것입니다.

아이가 〈Peppa Pig〉 낱말 카드를 접하기 전에, 충분히 〈Peppa Pig〉 동영상을 보았고, 《Peppa Pig》 그림책까지 여러 번 반복해서 보며 소리를 들었습니다. 친근해진 페파의 이야기를 표현하기에 한 장씩 되어 있는 낱말카드가 참 잘 맞았던 것입니다.

아이가 말하기를 할 때 문법적 오류가 있을 수 있습니다. 저는 보통 틀려도 그냥 내버려 두었습니다. 신명 나게 카드를 하나씩 꺼내서 엄마한테 읽어 주고 있는데 산통을 깨고 싶지는 않았습니다. 또 자꾸 아이의 말을 문법에 맞게 고쳐 주려다가 아이의 말문을 닫게 할 수도 있으니까요. 그래도 문장을 고쳐 주고 싶을 때는 지적하기보다는 올바른 문장으로 다시 한 번 말해 주면 좋습니다.

"이렇게 해야지."라고 덧붙일 필요도 없습니다. 아이가 "Daddy pig and Peppa having breakfast."라고 할 때 틀렸다고 하는 것이 아니라, "Daddy pig and Peppa are having breakfast?"라고 자연스럽게 바꿔서 말해 주세요.

낱말 카드 놀이를 할 때 쓰는 영어 표현

영어 낱말 카드를 하면서 문장으로 언어 자극을 해주면, 단어가 아닌 문장이 됩니다. 이때 문장은 책에 자주 나왔던 표현이나 단어를 우회적으로 설명할 수 있는 것이면 좋습니다.

1. 명사

1) rabbit(토끼): My name is Rabecca. I'm a rabbit. (내 이름은 레베카야. 나는 토끼지.)

2) pink(분홍색): I like your pink dress. You look like a princess. (너의 드레스가 마음에 들어. 너는 공주 같아.)

3) star(별): Twinkle, twinkle, little stars (반짝 반짝 작은 별)

4) cloud(구름): It's cloudy. There're clouds in the sky. (날씨가 흐리네. 하늘에 구름이 가득해.)

5) ball(공): Throw me the ball. I'll catch it. (나한테 공 던져. 내가 잡을게.)

6) airplane(비행기): Here comes the airplane. (비행기가 도착했어요.)

7) juice(주스): Would you like some juice? (주스 좀 마실래?)

8) TV(텔레비전): Can you turn on the TV? (텔레비전 좀 틀어 줄래?)

9) crab(게): Can you crawl like a crab? (게처럼 옆으로 걸을 수 있니?)

10) forest(숲): I'm the ghost from the forest! (나는 숲속에 있는 유령이다!)

11) pig(돼지): Oink, oink! Peppa is a pig. (꿀꿀! 페파는 돼지야.)

2. 동사

1) run(달리다): Run as fast as you can! (너처럼 빨리 달려!)

2) make(만들다): Let's make some cookies! (쿠키 만들자!)

3) eat(먹다): Would you like to eat spagetti? (스파게티 먹을래?)

3. 형용사, 부사

1) up(위로): Peppa and her family are up in the sky. (페파와 가족은 하늘 위로 올라갔어.)

2) fast(빨리): The rabbit runs fast. (토끼는 빨리 달려.)

3) scared(무서운): There is a monster. I'm so scared. (괴물이야. 너무 무서워.)

【05】

들리는 대로
따라 말하기

'섀도우 스피킹(Shadow Speaking)'이라고 들어 보셨나요? 원어민의 영어 말하기를 들으면서, 거의 동시에 들은 것을 그림자처럼 따라 말하는 것입니다. 섀도우 스피킹은 매우 빠른 속도로 진행해야 합니다. 통역대학원생들이 훈련하는 방법이라고 알려져 있습니다. 저는 지금도 섀도우 스피킹을 가끔 합니다. 혼자 운전을 하면서 영어 방송을 들을 때, 가만히 듣지 않고 호스트가 말하는 족족 저도 따라서 말하고 있습니다.

영어 방송을 들으며 섀도우 스피킹을 할 때 저만의 노하우가 있습니다. 들리는 모든 사람의 말을 따라 하지 않고, 내가 닮고 싶은 억양과 말투를 가진 성인 여자의 부분만 따라 합니다. 예를 들어, 라디오쇼의 호스트가 여자이고, 게스트가 남자라면 저는 호스트 부분만 따라서 말합니다. 왜냐하면 이 섀도우 스피킹의 효과가 엄청나서 제가 따라 하는 사람의 말투를 닮아 가니까요.

| 말투를 따라 하다 영어가 물든다

어학원에서 일할 때 캐나다 출신의 한 강사와 영어와 한국어 교환 수업을 한 적이 있습니다. 그 친구가 하고 싶은 말을 제가 한글로 적고 들려준 후 똑같이 따라 해 보라고 했습니다. 그런데 그 친구가 한국어로 말하는 모습을 보고, 깜짝 놀랐습니다. 남자였던 그 친구도 여자 억양으로 한국말을 하고 있었습니다. 그것은 바로 제 억양이기도 했습니다. 여자처럼 말하는 그 친구를 보면서 그날 큰 깨달음을 얻었습니다.

'따라 말하면 말투가 똑같이 닮는다. 그러니 닮고 싶은 말투를 가진 사람을 따라 해야 한다.'

섀도우 스피킹을 우리 아이들에게 적용하면 어떨까요? 섀도우 스피킹의 장점은 원어민과 유사한 말하기가 가능하다는 것입니다. 발음, 억양, 속도를 모두 따라서 하고 있으니까요. 제대로 따라 하면 똑같아지는 거죠.

그런데 이 섀도우 스피킹은 상당한 집중력을 요구합니다. 들으면서 동시에 말하기를 하는 것이 어려운 것이기도 하구요. 아이들에게는 놀이가 아니라 학습처럼 느껴질 수도 있습니다.

저희 두 아이는 성향에 따라 섀도우 스피킹에 있어서 호불호가 갈렸습니다.

둘째 아이는 아기 때부터 무엇이든 소리로 표현하는 것을 좋아했습니다. 한글이든 영어든 들리는 말은 다 따라 말하고, 심지어 비행기 소리나 잔디 깎는 기계 소리도 들리면 따라 해 보았지요. 차에서 영어 스토리를 틀어 주면 들으면서 동시에 따라 말했습니다.

저는 속으로 '저거 섀도우 스피킹인데? 알려 주지 않아도 하네.'라며 쾌재를 불렀습니다. 아이가 카시트에서 졸려 잠이 들려 하다가도, 영어 스토리를 틀어 주면 자동으로 따라 말했습니다. 보는 저는 귀엽기도 하고 안쓰럽기도 했습니다.

"너는 왜 들리는 건 무조건 따라 하니?"

반대로 첫째 아이는 한글을 배울 때도 발음 한 번 잘못 낸 적이 없습니다. 3세 때 〈나비야〉 노래를 부를 때 '방긋방긋 웃으며' 부분을 정확히 부르려고 얼마나 신경 썼는지 모릅니다. 딸은 신경 써서 소리 내 말하는 편보다는 듣는 편을 선호했습니다. 그런 성향의 딸은 섀도우 스피킹을 유독 싫어했습니다.

저는 아이들이 섀도우 스피킹을 할 수 있는 또 다른 방법을 고민했습니다.

작년에 첫째 아이가 2학년이었을 때는 차를 타고 저와 함께 등교했습니다. 차로 이동하는 시간은 5분 정도 걸렸습니다. 아침에 차에 올라타면서 동시에 제가 어젯밤이나 오늘 아침에 읽었던 책의 음원을 틀며 신난 말투로 아이들에게 섀도우 스피킹을 하자고 합니다. 얼떨결에 딸과 아들 중 누구 하나라도 입을 먼저 열면, '폭풍 칭찬'을 했습니다. 섀도우 스피킹을 어쩜 그리 잘하냐면서, 대단하다고……. 그러면 5분이라는 짧은 시간에 책 1권 정도의 섀도우 스피킹을 마칠 수 있었습니다.

이렇게까지 해야 하냐고요? 네, 해야 합니다. 태어날 때부터 영어책을 좋아하는 아이가 없고, 영어책을 따라 말하기를 좋아하는 아이도 별로 없지요. 조금 하기 싫은 마음이 있더라도 엄마의 격려와 칭찬에 순간 아이의 정신이 혼미해져 5분의 짧은 시간 동안 섀도우 스피킹이 가능해지는 것입니다.

아이들이 무엇을 할 때 잘 안 되면 싫어하다가, 익숙해지고 잘하면 좋아하는 경우도 있듯이 섀도우 스피킹도 그렇습니다. 단, 책 레벨이 올라가서 챕터북 정도 되면 글밥이 많아져 섀도우 스피킹이 부담스러울 수 있습니다. 섀도우 스피킹은 아이들이 좋아하는 책, 성우가 비교적 천천히 말해 주는 책으로 하는 것이 좋습니다. 잘못되면 아이들은 중간에 안 한다고 하고 싶으니까요. 저는 'Fly Guy' 시리즈를 차 안에서 많이 활용했습니다.

새도우 스피킹은 집중력을 많이 필요로 하고, 들으면서 말한다는 것 자체가 쉽지 않습니다. 곁에서 아이를 많이 격려하면서 한 번에 짧은 시간만 진행한다면, 효과를 볼 수 있습니다. 그리고 엄마 역시 미국 드라마를 보거나 영어 라디오를 들으면서 입을 쫙쫙 벌리시기를 강력하게 추천해 드립니다.

섀도우 스피킹을 하기 좋은 영어책

섀도우 스피킹을 할 때 성우가 책 읽는 속도가 빠르지 않아야 아이가 할 수 있는 자신감이 생깁니다. 글밥이 많은 챕터북보다 책의 전체 길이가 짧은 얼리 리더스북을 활용하시기 바랍니다.

1. 'Fly Guy' 시리즈
재미있는 책이면, 아이가 자꾸 듣고 싶어합니다. 특히 첫째 아이는 《Fly Guy and the Frankenfly(플라이 가이와 프랑켄플라이)》를 섀도우 스피킹에 잘 활용했습니다. 재미있고 더러운 내용에 괴물까지 나오면, 아이들이 정말 좋아하죠.

2. 《Froggy learns to swim(프로기는 수영을 배웁니다)》
엄마가 주인공 프로기에게 수영하는 법을 가르쳐 줍니다. "Chicken, airplane, soldier(닭, 비행기, 군인)"라는 구호를 외치며 수영하는 팔의 자세도 함께 바꿉니다. 책을 들으며 익숙한 구호도 재미있게 따라서 외쳐 봅니다.

3. 《Little Critter(리틀 크리터)》

이 책은 문장이 짧고 간결해서 섀도우 스피킹을 하기에 좋습니다. 이 책과 같은 얼리 리더스북은 책의 전체 길이가 길지 않아, 아이들이 부담 없이 들으며 말할 수 있습니다.

4. 《Elephant and Piggie Book(코끼리와 피기 책)》

코끼리 제롤드와 돼지 피기가 번갈아가며 대화하는 형식의 책입니다. 책 전체가 대화문으로 구성되어 있어서, 말하듯이 따라 하기에 속도가 잘 맞습니다.

Are you ready?

You can do it!

5장

충분히 들었다면 이렇게 활용하라

【01】

아웃풋 끌어내기
: 몸으로 말하기

아이에게 책을 읽어 주고 말하기를 유도하기 가장 쉬운 방법이 있습니다. 입으로 말하기가 아닌 바로 '몸으로 말하기'입니다. 방송인 허참 아저씨가 진행하던 장수 프로그램 〈가족 오락관〉에도 몸으로 말하는 코너가 있었지요. 이걸 우리 아이의 아웃풋 끌어내기로 연결해 볼 수 있습니다.

| 신체 부위를 이용한 놀이

아이가 영어책 낭독 듣기를 시작한 지 얼마 되지 않은 상황에서는 바로 말로 아웃풋을 내기가 힘들겠죠. 이럴 때 몸으로 말하기를 하며 아이와 놀이처럼 아웃풋을 이끌어 내는 방법이 있습니다.

3장에서 간략하게 소개했던 'Simon Says(시몬 가라사대)' 게임의 예를 들어보겠습니다. 엄마가 아이에게 어떤 지령을 내립니다. 예를 들어, "Stand up.(일어나)"이라는 명령문 형식의 문장이 있습니다. 이 게임에서는 엄마가 "Simon says"라고 말을 한 뒤에 이 지령을 내리면 아이가 지령대로 몸을 움직입니다. 그러나 "Simon says"라는 말 없이 "Stand up."이라고만 말하면 일어나서는 안 되는 것이지요.

이러한 방식으로 게임을 하기 위해서는 아이가 엄마가 말하는 표현의 의미를 알고 있어야 합니다. 표현을 듣고 이해해서 말로 표현하는 것이 아니라 몸으로 표현한다는 점이 다릅니다. 그리고 게임의 규칙이 쉽고 재미있기 때문에 아이와 말의 의미를 익히면서도 즐겁게 놀이로 학습할 수 있다는 장점이 있습니다. "Stand up.", "Sit down.", "Pinch your nose.", "Blink your eyes.", "Raise your hand."처럼 신체 부위를 이용하여 쉽게 시작할 수 있습니다.

| 기억력을 향상시키는 놀이

아이의 말하기 아웃풋을 이끌어 내는 또 다른 방법은 '마지막 단어 말하며 행동하기'입니다. 3세 무렵의 아이가 언어를 배울 때 문장을 들으면 마지막 단어부터 따라 하기 시작한다는 것을 알아 챈 적이 있으신가요? 엄마가 "아빠 일하러 가요."라고 말하면 아이가 처음에는 이 문장을 다 따라 말하지 못하고 마지막 음절이나 단어부터 말하기 시작합니다. 예를 들어 "아빠 일하러 가요." 중에 마지막 음절인 "요"만 같이 말하는 것입니다. 재미있게도 이런 특징을 아이가 한국어보다 영어를 말할 때 먼저 발견했습니다. "Happy birthday to you.(생일 축하해)"라고 엄마가 말하면 아이는 옆에서 "you"만 같이 말하는 것이지요.

이러한 아이의 말하기 특징을 활용해서 들었던 책의 내용을 몸으로 말하기로 이끌어 봅니다. 아이에게 마지막 단어를 이어 말해 문장으로 완성하도록 유도하는 것입니다. 책에서 들었던 내용이 "A dog says bow wow."라고 해 봅니다. 그러면 엄마는 "A dog says……."까지만 하고 말을 멈춥니다. 아이가 이어서 'bow wow'를 말하여 문장을 완성하기를 기다려 주는 것이지요. 물론 이 문장은 책에서 이미 충분히 많이 들어서 익숙해져 있어 금세 말할 수 있습니다. 아이가 발화를 하면 엄마도 똑같이 발화하면서 몸짓으로 강아지가 짖는 모습을 흉내 내어 보세요. 행동과 언어가 같이 동반될 때 더 빨리 언어를 습득할 수 있습니다. 또 이 방법을 사용해서 아이가 음원이나 책을 이해하고 있는지도 파악할 수 있습니다.

몸으로 표현하는 또 다른 방식은 앞서 얘기했던 '전신 반응 교수법'입니다. 먼저 언급한 Simon Says 게임과 흡사합니다. 이 교수법에서는 엄마가 아이에게 신체 반응을 유발하는 말을 하고 아이는 신체 행동으로 반응합니다. 반드시 이렇게 몸으로 표현하는 놀이를 하려면 아이가 사전에 듣기를 한 후에 진행해야 합니다. 그래야 지령을 듣고 스트레스를 받지 않고 몸으로 표현할 수 있겠지요.

다시 한 번 이야기하지만, 전신 반응 교수법은 영어를 처음 배우는 초기 학습자에게 좋습니다. 말을 듣고 행동으로 표현하기 때문에 아이들이 말의 의미를 쉽게 파악할 수 있습니다. 또 엄마의 지령을 아이가 완벽히 수행했기 때문에 학습 성취감이 높습니다. 높은 학습 성취감은 영어를 배우는 데 긍정적인 태도를 가져다주고 동기 유발도 할 수 있습니다. 아이가 직접 행동하며 이루어진 학습이기 때문에 그 내용이 장기적으로 남을 수 있는 효과적인 방법입니다.

| 아이가 지령을 내리고, 엄마가 수행하는 놀이

반대로 아이가 엄마에게 지령을 내리고 엄마가 수행할 수도 있습니다. 그렇게 되면 엄마에게 지령을 내리기 위해 아이가 그 표현을 기억했다가 말하기로 활용해야 하는 것이지요.

첫째 아이가 6세, 둘째 아이가 3세 때 이 방법을 가지고 놀이를 참 많이 했습니다. "Fall a sleep."이라고 엄마가 외치면 아이들이 푹푹 쓰러져 잠이 듭니다. 그리고 엄마가 다시 "It's time to wake up."이라고 하면 아이들이 기지개를 켜며 다시 일어나지요. 그러고는 그게 너무 재미있어 깔깔 웃고요. 아이들이 학습이 아닌 놀이를 하고 있다는 생각이 들게 하기에 딱인 방법이 아닐 수 없습니다.

이렇게 영어책 듣기 초기에도 아이의 아웃풋을 이끌어 내도록 자극을 주는 것은 중요합니다. "영어책을 열심히 듣고 읽어서 듣기·읽기·쓰기는 되는데 말하기가 안 된다."라고 말하지 않으려면, 영어책 낭독 듣기를 시작하는 초기 단계부터 말하기 아웃풋을 염두에 두어야 합니다. 가장 쉬운 말하기인 몸으로 말하기부터요.

신체와 관련한 영어 표현

Simon says(사이먼 가라사대) **게임**

진행자가 simon says를 먼저 말하고 내린 지령을 참여자가 행동으로 표현해야 하는 게임입니다. 만약 simon says를 붙이지 않았는데 그 말대로 따라하면 정해진 벌칙을 받습니다. 엄마가 게임하는 법을 설명해 주고, 아이와 함께 게임에서 틀리면 어떤 벌칙을 할지 정하고 시작합니다. 아이가 영어로 알아듣지 못하면 게임을 할 수 없기 때문에 재미있게 듣기 실력을 키우는 시간이 될 것입니다.

엄마: Let's start to play Simon says! (사이먼 가라사대 놀이 시작하자!)

아이: Yes! (네)

엄마: Simon says, "Stand up!" (사이먼 가사라대, "일어나!")

아이: (일어선다.)

엄마: Simon says, "Pinch your nose!" (사이먼 가라사대, "코 잡아!")

아이: (코를 잡는다.)

엄마: Simon says, "Raise your hand!" (사이먼 가라사대, "손 들어!")

아이: (손을 든다.)

엄마: Simon says, "Blink your eyes!"(사이먼 가라사대, "눈 깜빡여!")

아이: (눈을 깜박인다.)

엄마: "Open your mouth!"

아이: (입을 벌린다.)

엄마: You are wrong! I didn't say "Simon says!"

여기서 입을 벌리면 아이가 벌칙을 받고, 벌리지 않으면 엄마가 계속 다음 지령을 내려 아이가 틀릴 때까지 게임을 이어갑니다. 게임이 진행될수록 속도가 빨라지면 더 재미있겠지요?

【02】

아웃풋 끌어내기
: 생활 영어로 말 걸기

그림책을 읽는 초기에 아이의 첫 번째 영어 표현 방법으로 '몸으로 말하기'가 있었습니다. 그 다음으로 말하기 아웃풋을 유도할 수 있는 방법은 '생활 영어로 말 걸기'입니다.

아이가 충분한 영어 듣기가 되면, 아이 뇌의 언어 습득 장치가 자동으로 언어를 습득한다고 했습니다. 거기에 아이의 말하기 아웃풋을 더 효과적으로 끌어내려면 엄마의 동기 부여와 관심이 필요합니다. 언어를 듣기만 하는 데에 그치지 않고, 엄마와의 상호 작용이 있을 때 언어가 한 단계 더 발달할 수 있지요.

그런데 엄마들의 가장 큰 고민이 바로 여기에 있습니다. "아이에게 책을 읽어 주기는 하겠는데 무슨 말을 해야 할지 모르겠어요.",

"제가 영어를 못해요.", "엄마표 영어 표현 책을 사서 써 보려고 했는데, 제가 공부해야 하는 점이 부담스러워 포기했어요."

너무나도 이해가 됩니다. 나도 익숙하지 않은 외국어로 아이에게 말을 걸어 주라고 하면 앞이 깜깜한 게 당연하지요.

| 그림책을 활용하여 상황별 영어로 말 걸기

엄마가 아이와 영어를 할 때 가장 중요한 것은 영어책 듣기 노출이고, 아이의 영어 말하기 아웃풋을 이끌어 주려면 아이와의 상호작용이 필요합니다. 아이에게 영어로 말 걸기가 아주 중요합니다. 어떻게 할지 막막하다면, 아이가 보고 있는 영어책에서 답을 찾아봅니다.

저도 아이에게 뭐라고 영어로 말해 줘야 할까 궁금했던 적이 있었습니다. 그래서 엄마표 영어 표현이 정리된 리스트를 보았습니다. 한번 쭉 훑어보고 아이디어를 얻었습니다. 그 다음, 아이와 함께 본 그림책에서 접한 표현을 아이에게 사용해 보았습니다. 그림책은 아이가 주인공인 경우가 많습니다. 특히 영아들이 보는 책은 상황별로 그림책이 만들어져 있어서 특정 상황별로 활용하기가 좋습니다.

《Push me high(높게 밀어 주세요)》를 예로 들어 보겠습니다. 이 책에서는 아이가 아빠와 놀이터에 갑니다. "Daddy, can you push me?(아빠, 밀어 줄래요?)", "Push me high(높게 밀어 주세요).", "What do you see?(무엇이 보여?)", "I see a dog.(개가 보여요.)", "Mommy is calling me. Let's go home now.(엄마가 찾네. 이제 집에 가자.)" 등의 대화가 이어집니다.

아이와 놀이터에 갔을 때가 기회입니다. 이 그림책을 집에서 보고 수없이 낭독을 듣고, 노래로도 불러서 엄마와 아이 모두가 이 대화에 익숙해져 있습니다. 아이가 그림을 보고 상황을 파악했듯이 엄마도 그랬을 것입니다.

놀이터에 가서 외워질 만큼 반복해서 들었던 책 속 문장으로 아이에게 말을 걸어 주세요. 그네를 밀어 주면서 아이에게 물어봐 주세요. "What do you see?" 대답은 아이에게 맡겨 주시고 엄마는 계속 책에서 보았던 문장들을 말해 주는 것입니다.

첫째 아이에게 20개월부터 영어 그림책을 보여 주고 음원을 들려주기 시작했습니다. 3개월이 지나니, 주변에 보이는 사물의 이름을 영어로 말하기 시작했습니다. 아이는 단어로 말하기를 하고 있었으나, 듣기는 그보다 훨씬 더 빨리 발달하고 있었습니다. 제가 아이에게 책에서 나왔던 표현 위주로 영어로 말을 걸었을 때, 아이는 그 문장들을 이해했습니다.

"It's time to go to bed.", "Get in bed.", "Put your pajamas on.", "Can you kick the ball?", "Do you want to sing a song?", "Can you bring me a dipper?" 같은 생활 영어 문장들을 말해서 책 밖 세상으로 영어를 끄집어내어 주었습니다. 이 문장들은 아이가 보던 책에 있던 표현입니다.

엄마가 생활 영어를 해 줄 때 무슨 말을 해 줄까 고민이 된다면 아이에게 읽어 주는 그림책을 보세요. 그 안에 답이 있습니다. 어차피 영어책을 읽어 주고 듣기를 아이와 함께할 거라면, 한 문장이라도 좋은 문장을 엄마가 외워서 아이에게 사용해 보는 것이지요.

| 들은 내용은 써 먹게 되어 있다

배웠던 표현을 적절한 상황에 사용한다는 것은 상당한 의미가 있습니다. 배운 표현을 실제로 사용해 보면 다음부터 그 표현은 내 것이 됩니다. 제가 대학생 때 캐나다 연수를 가서 캠브리지 FCE 시험을 준비하던 반에 계시던 선생님으로부터 새로운 말하기 팁을 들었습니다.

새로운 표현을 배우면 꼭 사용한다.

가령 음식점에서 음식을 주문하는 회화 표현을 배웠다고 해 봅시다. "Can I have a cheese burger and coke?"라는 표현만 평소에 사용하다가 "go with"라는 표현을 새로 배우면 다음에 식당에 가서는 그 표현을 준비하고 있다가 사용해 보는 것이지요. "I'll go with a cheese burger and coke."처럼요.

머릿속에 있던 말이 내 입을 통해 밖으로 나오면 내 것이 됩니다. 그런데 그것보다 더 기분 좋은 것은 내가 준비한 말을 했을 때 웨이터가 알아듣고 적절하게 행동으로 보여준다는 것입니다. 내가 영어로 한 말을 타인이 알아듣고 반응할 때 남모를 즐거움이 있었습니다.

아이에게도 마찬가지입니다. 그림책에서 실생활에서 쓸 수 있는 표현을 찾아서 적절한 상황에 사용해 봅시다.

아침에 아이가 눈을 뜰 때부터 엄마의 영어로 말 걸기가 시작됩니다. "Good morning. The sun is shining.(잘잤니. 해가 떴어.)", "Can you wash your face?(세수할래?)", "Can you comb your hair?(머리 빗을래?)", "Let's have breakfast.(아침밥 먹자.)", "Put your socks on.(양말 신어)", "It's time to go to school.(학교 갈 시간이야.)", "It's raining. We need an umbrella.(비 오네, 우산이 필요하겠어.)" 등 할 말이 너무 많습니다.

이 표현을 다 어디에서 보았을까요? 바로 아이들의 책입니다. 한 권의 책이 아니라 여러 권의 책에서 필요한 영어 표현을 뽑아내어 짜깁기한 것이지요. 아이와 귀와 입이 닳도록 듣고 말했던 표현이어서인지 지금도 책을 생각하면 거기서 나온 문장이 떠오릅니다. 아이의 책에 답이 있습니다. 엄마의 생활 영어로 말 걸기, 오늘 바로 실천해 보세요.

세 단어 영어로 아이에게 말 걸기

우리가 한국어로 아이에게 말할 때 보통 어떤 표현들을 사용하나요? "잘 잤니", "목말라?", "물 마셔" 등 아주 쉽고 짧은 대화입니다. 보통 "Good morning.", "Are you thirsty?", "Drink some water."처럼 세 단어면 다 해결이 됩니다. 엄마가 "Drink some water."라고 말하며 물을 주면 아이는 그 경험을 통해 'water'를 배웁니다. 그리고 'drink'의 의미도 파악합니다. 이 표현을 이해하고 아이가 행동하게 되면 확장되어 아이의 말하기가 됩니다. 아이가 취학 전이라면 엄마가 몇 가지 표현을 익혀서 실제 대화에 사용해 보세요. 길어도 다섯 단어로 이루어진 문장이면 충분합니다.

1. 아침에 일어나서 쓰는 말

1) Good morning Yury. (잘 잤어, 유리)

2) It's time to wake up. (일어날 시간이야.)

3) Stretch your body. (기지개를 켜자.)

4) Can you make you bed? (침대를 정리할래?)

5) Yes, you can do it. (그럼, 할 수 있어.)

2. 씻을 때 쓰는 말

1) Can you wash your face? (세수하자.)

2) Can you brush your teeth? (양치하자.)

3) Do you want to pee? (쉬 마려워?)

4) Do you want to take a bath? (목욕할래?)

5) I'll give you a shower. (엄마가 샤워해 줄게.)

6) I'll wash your hair. (머리 감겨 줄게.)

7) Let's rinse your hair. (머리 헹구자.)

8) Towel dry your body. (수건으로 닦아.)

9) Put some lotion on your body. (몸에 로션 바르자.)

10) Look, how pretty you are. (정말 예쁘다.)

3. 밥 먹으면서 쓰는 말

1) Breakfast is ready. (아침 먹자.)

2) What do you want for dinner? (저녁으로 뭐 먹고 싶어?)

3) Do you want noodles for dinner? (저녁에 국수를 먹을래?)

4) Are you full? (배불러?)

5) Why aren't you eating? (왜 안 먹어?)

6) Are you done? (다 먹었어?)

7) Mommy's not done yet. (엄마는 아직 안 먹었어.)

8) Drink some water. (물 좀 마셔.)

9) Mommy will clear the table. (엄마가 상 치울게.)

4. 외출 준비 하면서 쓰는 말

1) Do you want to go out and play? (나가서 놀까?)

2) Let's get dressed. (옷을 입자.)

3) I'll do your hair. (머리 해 줄게.)

4) How do you want your hair? (머리를 어떻게 해 줄까?)

5) In a ponytail or pigtails? (하나로 묶을까, 양쪽으로 묶을까?)

6) Button up your shirt. (셔츠 단추를 채우자.)

7) Zip up your coat. (코트 지퍼를 잠그자.)

8) I'll tie your shoe lace. (신발 끈을 묶어 줄게.)

9) Fine dust is bad today. (오늘 미세먼지가 나빠.)

10) Put on your mask. (마스크를 끼자.)

5. 바깥에 외출했을 때 쓰는 말

1) Let's run. (뛰자.)

2) There is a muddy puddle. (저기 흙 웅덩이가 있어.)

3) Be careful! (조심해!)

4) Go down the slide. (미끄럼틀 타.)

5) Don't be afraid. I'll catch you. (걱정하지 마. 내가 잡아 줄게.)

6) Let me push you. (내가 밀어 줄게.)

7) Do you want to play on the seesaw? (시소 타고 놀고 싶어?)

6. 책을 읽으면서 쓰는 말

1) Let me read you a book. (책을 읽어 줄게.)

2) Can you bring me a book? (책을 가져올래?)

3) Let me read you a story. (엄마가 책 읽어 줄게.)

4) Which book do you want to read? (어떤 책을 읽고 싶어?)

7. 텔레비전 보면서 쓰는 말

1) Do you want to watch TV? (TV 볼래?)

2) Watch TV just for an hour. (TV는 1시간만 봐야 해.)

8. 엄마와 요리하면서 쓰는 말

1) Let's bake some cookies. (쿠키 만들자.)

2) Roll the dough. (반죽을 밀어.)

3) Add some milk. (우유를 좀 넣어.)

4) Smells good. (냄새 좋다.)

5) This is yummy. (정말 맛있어.)

9. 청소하면서 쓰는 말

1) Can you tidy up your room? (방 치울래?)

2) Mommy will vacumme the floor. (엄마는 청소기를 돌릴게.)

3) Clean up and put your toys away. (장난감을 치우자.)

10. 자기 전에 쓰는 말

1) Put on your pajamas. (잠옷 입어.)

2) It's time for bed. (잘 시간이야.)

3) Say 'good-night' to dad. ('아빠, 안녕히 주무세요' 하자.)

4) I'll put you to bed. (엄마가 재워 줄게.)

5) It's been a long day. (오늘은 힘든 하루였어.)

6) I'll sing you a lullaby. (자장가 불러 줄게.)

7) Can you turn off the light? (불을 꺼 줄래?)

8) Give me a good night kiss. (엄마한테 뽀뽀해 줘.)

9) Sweet dreams. Sleep tight. (잘 자.)

10) Get in bed. (침대에 누워.)

11) I'll tuck you in. (이불 덮어 줄게.)

【03】

아웃풋 끌어내기
: 노래로 말하기

3~7세 자녀를 둔 엄마라면 동요와 율동을 통한 예술 교육에 관심이 많을 것입니다. 노래 부르기가 주는 즐거움도 있고, 창의성 발달에도 좋기 때문입니다. 동요와 율동이 좋다고 생각한다면 그대로 영어 교육에도 적용하면 어떨까요? 영어 공부라고 책이나 영상물로만 할 필요는 없습니다.

| 영어 동요 활용법

영어 동요를 활용하는 방법은 다양합니다. 아침에 어린이집에 갈 때 시간은 촉박하고 둘째 아이는 '호기심 천국'에 여기저기 딴 짓

을 하고 있으면, 저는 노래를 부릅니다. 앞서 얘기했던 〈Walking walking〉 노래만 부르면 아이는 노래에 맞춰서 걷기 시작합니다. 3세 때부터 부르던 영어 동요를 9세가 된 지금도 좋아합니다.

지난여름 휴가로 시댁 어른들과 무주에 내려갔습니다. 아무도 없는 탁 트인 시골 길을 아이 둘 손을 잡고 'walking walking' 하며 뛰어다녔습니다. 가끔씩 아이들과 걸을 기회가 있으면 아이들이 부르자고 먼저 제안하기도 합니다.

첫째가 20개월에 영어를 시작하고 나서 4개월이 지났을 때입니다. 한국어로는 "(의자를) 밀어 주세요.", "유리는 할머니 좋아해.", "엄마도 같이 하자." 수준으로 말할 때였습니다. 그때 뮤지컬 같은 노래와 책이 함께 구성된 전집을 만났습니다. 책의 내용과 노래의 구성이 비슷해서, 노래를 부르는 것이 책을 읽는 것 같았습니다.

육아에 힘들었던 때여서였는지 저는 아동용 영어 전집의 그 노래가 참 좋았습니다. 노래 자체를 다시 들은 게 오랜만이었습니다. 비록 아이를 대상으로 나온 영어 교재 속 노래였지만, 저도 흠뻑 매료되었습니다. 뮤지컬 노래에 푹 빠져서 감정 이입된 것처럼요.

아이가 뮤지컬 노래를 디브이디를 보면서 부를 때는 방탄소년단(BTS) 공연 못지않습니다. 소파에서 뛰어 내리고 온몸에 땀이 나게 율동하며 신나서 노래를 부릅니다. 두 아이가 노래를 부르고 춤을 추며 스트레스를 푸는 시간도 되었을 거라 생각합니다. 또한 이렇게 온몸으로 부른 노래는 오래 오래 기억이 날 것이 분명합니다.

| 마더구스 시디 활용법

이때쯤 마더구스도 함께 불렀습니다. 〈Muffin Man〉, 〈The Wheels on the bus〉 같은 노래를 반복해서 불러 주기 시작했습니다. 영어 동요 책과 시디를 들인 후에는 매일 한 곡씩 외웠습니다. 듣기만 해서는 부르기 애매한 부분은 책에 있는 악보를 보며 연습했습니다. 그 시디는 닳고 닳아 지금은 재생이 되지 않고 너덜너덜해진 책은 여전히 책장에 자랑스럽게 꽂혀 있습니다.

7세 둘째 아이가 얼마 전 잠자리 독서 책으로 가져와서 오랜만에 같이 불렀는데, 다음날 노래를 개사해서 불렀습니다. "Jelly on a spoon~"을 "Mommy on a spoon~"으로요.

"노부영이 사람이 아니었어?"라고 하는 '노부영 시리즈' 책도 참 좋아했습니다. 《Color Zoo》를 가지고 와서 26개월 되었던 딸이 "유리가 읽어 줄게요."라고 하더군요. 노래를 부를 수 있으면 그림을 보고 책도 읽어 줄 수 있습니다.

노래가 좋은 그림책은 뭐가 있을지 궁금하다면 '노부영'으로만 검색해 봐도 쉽게 책을 고를 수 있습니다. 어린이도서관 영어 코너에 가면 온라인 서점에서 보았던 책들이 실물로 있습니다. 책 종류도 다양하고, 시디도 대여가 되니 "부록 필요하세요?"라고 사서 선생님이 물을 때는 꼭 "네."라고 대답하여 챙기시기 바랍니다.

신생아나 돌쟁이 자녀가 있다면 노래 시디 〈Wee sing for baby(위씽 포 베이비)〉도 추천합니다. 아기 목소리와 웃음소리가 중간마다 기분 좋게 들어가 있습니다. 유치원 '형님'들이 듣기에는 조금은 '아기아기한' 노래도 있습니다. 하루 종일 틀어 놓고 생활하다 보면 아이가 자신도 모르게 따라 하며 부르고 있는 모습을 볼 수 있습니다.

여행을 갈 때처럼 신나는 노래가 필요할 때도 영어 동요를 활용하면 좋습니다. 운전으로 지친 아빠에게 조금 미안한 마음이 들 때도 있지만 그게 다 우리 아이 영어로 귀 트이고 입 트이라고 하는 거 아니겠어요? 그리고 영어 동요 활용의 하이라이트는 단연코 자장가로서의 부를 때입니다. 우리 집에서는 〈섬집아기〉가 한국어 대표 자장가, 마더구스가 영어 대표 자장가였습니다. 우리 아이들은 지금도 어디에서 영어 동요가 흘러나오면 "엄마 나 이거 아는데."라고 아는 체 좀 합니다.

【04】

아웃풋 끌어내기
: 그림 보며 말하기

아이와 함께 그림책을 보고 음원을 들어봐도 계속 아웃풋이 없으면 왜 그럴까 궁금하고 걱정이 됩니다. 제가 그랬거든요. 그런데 아웃풋이 없다고 절대 포기하지 마세요. 아이와 처음 영어책 읽기를 시작하고 별다르게 눈에 띄게 달라지는 점이 없더라도 기다려 주세요. 아이는 귀로 소리를 차곡차곡 쌓아가고 있고 눈으로는 그림을 보며 상황과 맞추어 이해하고 있거든요.

아이가 몸으로 말하고 노래로 말하며, 말하기를 시작하면서 제법 영어 아웃풋이 나온다는 생각이 들 때가 바로 '그림책 말하기(Picture Telling)'를 할 때입니다. 얼핏 보면 아이가 책을 처음부터 끝까지 읽고 있는 것이 아닌가 싶습니다. 책을 한 장씩 넘기며 토씨 하나 틀리지 않고 글자와 똑같이 말하고 있으니까요. 그러나 사실은 그림을 보며 상황을 표현하고 있는 것이지요. 그럼 어떻게 글을 모르는 아이가 책을 읽을 수 있을까요? 그렇습니다. 예측하셨겠지만 엄마가 책을 많이 읽어 줬기 때문입니다. 한글책을 좋아하는 아이라면 비슷한 경험이 있을 것입니다. 아이가 엄마에게 좋아하는 책을 읽어 준다면서, 엄마가 읽어 주었던 대로 책을 읽어 주지 않습니까.

| 그림책 말하기가 가능한 나이, 24개월

그럼 언제부터 이 '그림책 말하기'가 가능할까요. 저희 아이들을 보니 첫째 아이는 20개월에 영어를 시작해서 4개월이 지날 때부터 한 줄짜리 그림책으로 그림 보고 말하기를 시작했습니다. 둘째 아이는 태어나고 바로 영어에 자연스럽게 노출을 해 주었고, 역시나 3세가 될 때 그림 보고 말하기를 시작했습니다. 둘의 공통점은 영어 노출을 시작한 시점은 상관없이 3세에 그림책 말하기를 했다는 점입니다. 3세가 아이들의 언어 습득과 말하기 능력이 폭발하는 시기인 것이 맞나 봅니다.

첫째 아이가 3세 때 찍은 동영상이 있습니다. 제 화장대 밑에 들어가 첫 영어 전집이었던 씽씽영어를 읽습니다.

How pretty you are. How messy you are. How ugly you are. How lovely you are. (너는 정말 예뻐, 너는 얼마나 지저분한지, 너는 정말 못생겼구나, 너는 정말 사랑스럽구나)

책 한 권을 다 읽는 데 1분이 채 걸리지 않았습니다. 신기한 것은 책을 읽고 적절한 페이지에서 적절한 표현을 한다는 것이지요.

제가 지금 가르치고 있는 중·고등학교 아이들 문법책은 이러한 문장을 감탄문이라 하면서 'How'로 시작하는 감탄문은 'How+형용사+(주어+동사)'의 순서로 온다고 가르치고 있습니다. 안타깝게도 1990년대 중학교에 들어갈 때 영어를 배웠던 저도 똑같이 저 순서를 외우며 감탄문을 배웠는데 요즘 아이들의 문법책도 바뀐 것이 없다는 것이 놀랍지 않습니까. 그런데 'How+형+주+동'을 외우기 전에 이미 "How pretty you are."이라는 문장을 말할 수 있다면 문법 주입식 영어 교육은 피할 수 있어 보입니다.

씽씽영어를 시작으로 그림책 말하기를 하는 책들이 늘어났습니다. "제가 책 읽어 줄게요."라면서 아이가 저를 부릅니다. 한참 노래에 빠졌던 책을 펼쳐 들고 그림책 말하기를 합니다. 역시 읽기도 하고 노래로 들었던 책이라 그림책 말하기가 수월합니다. 책의 내용이 기억이 나지 않더라도 노래 가사가 또 떠오를 테니까요.

| 그림책 내용을 요약할 수 있는 나이, 4~5세

4세가 되면서 '튼튼영어 주니어' 시리즈를 들었습니다. 그 사이 다른 전집들과 그림책 낭독도 꾸준히 들었습니다. 튼튼영어 주니어도 글이 한 쪽당 두 줄 정도 되고, 노래와 책 읽기를 함께 즐길 수 있는 구성이었습니다. 이런 책들은 그림책 말하기가 보통 책들보다 더 수월하게 나오는 것 같습니다. 노래의 힘이었을까요. 특히 누나에게 물려받은 《Fire Truck(소방차)》이라는 책은 둘째 아이가 표지와 속지가 분리될 정도로 읽었습니다.

둘째 아이가 5세가 되면서 그림책 말하기도 발전했습니다. 그전까지는 글밥이 적은 책들을 똑같이 말했다면 이제는 글밥이 제법 늘어난 리더스북도 요약해서 말했습니다.

주말에 도서관에 가서 책을 빌려 왔습니다. 아이들과 고른 책 중에 'Froggy' 시리즈도 있었습니다. 여러 책 중에서도 유독 아이의 관심을 받는 책이 있지요? 그중에 《Froggy's Best Babysitter(프로기는 최고의 베이비시터)》이라는 책이 있어요. 여느 때처럼 책을 읽고 음원을 반복해서 들었습니다.

어느 날 아침 둘째 아이가 소파에 앉아서 그 책을 읽었습니다. 정확히는 그 책 속 그림을요. 책을 한 장씩 넘기며 그림을 보며 이야기를 진행하는데 이제는 글씨와 똑같지는 않고 스토리를 요약한 형태로 말을 했습니다. 그전까지는 그렇게 길게 책을 읽었던 적이 없었는데 한 단계 또 도약했습니다. 영상을 찍어 보니 3분이 넘는 시간이 걸렸습니다. 다시 말하면 아이가 3분 넘게 영어로 말할 수 있는 힘이 생긴 것입니다.

그 동영상을 짧게 편집해서 키즈노트 알림장으로 어린이집 선생님께 보냈습니다. 정 많고 칭찬 많이 해주시는 너그러운 선생님이 영어책 읽기 실력을 인정해 주시니 둘째 아이의 어깨가 이만큼 올라갔죠.

| 그림책을 보며 영어로 말하기

첫째 아이가 8세, 둘째 아이가 5세가 되었을 무렵부터 두 아이는 같은 영어책을 들었습니다. 첫째 아이의 영어책 낭독이나 영자 신문 읽기는 혼자 진행했고, 아침 시간이나 잠자리 책 읽기는 두 아이에게 같은 책을 읽어 주었습니다.

둘째 아이가 6세 때, 누나와 들었던 책 중 하나인 'Usborne My Reading Library' 시리즈에는 다양한 레벨이 섞여 있습니다. 엄마에게 스토리텔링을 하겠노라 선언하고 혼자서 이 책을 골라 왔습니다. 제가 보기에는 챕터북 수준으로 어려워 보였습니다. 하필 고른 책이 높은 레벨의 책이었습니다.

아이에게 맡겨 보고 저는 동영상 촬영을 시작했습니다. 아이는 책을 한 장씩 넘기며 스토리를 말해 주었습니다. 스토리를 중간 중간 생각하기도 하면서 끝까지 잘 이야기해 주었습니다. 영상은 10분이 넘게 걸렸습니다. 어떻게 이 긴 스토리북을 10분 넘게 영어로 말해 주나 보았습니다. 아이가 하는 표현은 대부분 음원과 비슷했습니다. 들었던 내용이 다시 아이의 말로 바뀌어 나오고 있었던 것입니다.

이런 그림책 말하기에는 몇 가지 장점이 있습니다. 엄마가 전래동화를 읽어 주고 아이가 그림만 보고 이야기를 다시 구성한다고 했을 때, 아이의 머릿속에는 많은 사고 과정이 필요할 것입니다. 책을 듣고 이해하지 않았더라면 다시 말로 표현하기 힘들 테니 이야기를 이해하는 힘이 좋아집니다. 거기에 다시 그림을 보고 말로 만들어서 말해야 하니 말하기가 확장됩니다. 그리고 이러한 사고는 아이 뇌에 생각하는 힘을 길러줍니다.

그림책 읽기를 수없이 반복한 책은 나중에 글을 배울 때 또 한 번 효자 노릇을 합니다. 글과 같은 내용이 아이의 머릿속에 들어가 있고, 아이가 소리를 내며 그림을 읽습니다. 그러다 그 소리와 글자를 연결하기만 하면 읽기가 되는데, 이럴 때 소리와 글자의 연결이 무척이나 쉬워진다는 것이지요. 실제로 첫째 아이가 7세 때 영어 읽기를 책으로 뗄 때 그림책 말하기를 했던 책이 큰 도움이 되었습니다.

아이가 책을 보고 영어로 5분이고 10분이고 요약해서 말하는 모습이 보고 싶다면, 엄마가 그만큼 계속 들려주세요. 아이의 귀로 소리가 들어가고 눈으로 그림을 보고 있어야 입으로 말하기가 나옵니다.

Are you ready?

You can do it!

6장

영어 듣기에
도움을 주는 것들

【01】

영자 신문
고르기

학년이 바뀌거나 방학이 시작할 때 아이들과 계획을 많이 세우시죠? 영어책도 그때 맞춰서 계획을 세우면 아이들이 이해하고 받아들이기가 수월합니다. 첫째 아이가 2학년이 되면서 함께 계획을 세웠습니다. 1학년 때는 학교에서 집에 오자마자 영어책을 듣고 읽기를 하는 데서 끝났다면 이제 2학년부터는 본격적으로 영자 신문을 보기로 했습니다.

먼저 국내에 어떤 종류의 영자 신문이 있는지 알아보았습니다.

1. 〈주니어 헤럴드〉(www.juniorherald.co.kr)

대상: 초등학교 5학교~고등학교 3학년

구성: 영자 신문

발행 주기: 주 1회

단계: 기사별 난이도 상이

특징: 학생 기자단 캠프 운영, 온라인 학습 프로그램 제공

2. 〈키즈 타임즈〉(www.kidstimes.net)

대상: 미취학 아동~고등학교 3학년

구성: 영자 신문

발행 주기: 주 1회

단계: Kinder Times, Kids Times, Junior Times, Teen Times

특징: 학생 기자단 운영, 온라인 학습 프로그램 제공

3. 〈NE 타임즈〉(www.netimes.co.kr)

대상: 초등학교 3학년~고등학교 3학년

구성: 영자 신문 + 워크북(신문 내 포함)

발행 주기: 주 1회

단계: NE Times KIDS, NE Times JUNIOR(월간), NE Times

특징: 학생 기자단 운영, 온라인 학습 프로그램 제공

초등학교 1학년에게 적합한 영자 신문으로 〈키즈 타임즈〉가 있었

고, 그 안에도 연령별 신문 라인업이 있었습니다. 가벼운 마음으로 〈킨더 타임즈〉 1년 구독을 신청했습니다.

신문을 받아 보고 초등용 〈키즈 타임즈〉가 아닌 〈킨더 타임즈〉로 구독하기를 참 잘했다는 생각이 듭니다. 레벨을 높여서 하도록 하면 학습이 되니 아이에게 부담이 될 것이고, 그것은 말하기를 중시하는 저의 엄마표 영어 교육관과 맞지 않았습니다. 아이 교재 레벨에 대해 마음을 비우면 즐거운 영어 놀이가 가능해질 것입니다.

| 영자 신문의 장점

영자 신문의 장점은 참 많습니다. 첫째, 다양한 배경 지식을 쌓을 수 있습니다. 글을 읽을 때는 익숙한 분야의 내용을 읽느냐, 낯선 분야의 내용을 읽느냐에 따라 읽는 속도, 이해하는 양에 엄청난 차이가 납니다. 배경 지식이 다양해지면 아이의 독해 속도가 빨라지고 이해력도 깊어지는 것이지요. 사회, 과학, 인물, 문화, 연예, 스포츠 등 기사로 접하는 분야가 이렇게 다양합니다.

초등학교 1~2학년 때는 아이가 보던 한글책도 사회, 경제, 위인, 과학으로 조금씩 분야가 늘어 가고 있었습니다. 신문 기사에 첫째 아이의 영어 놀이 선생님이 살았던 오스트레일리아가 나옵니다. 아이는 좋아하는 선생님이 살던 곳이 나와서 반갑습니다. 기사를 읽고 선생님 이야기를 하고 나니, 지구본에서도 호주가 보이고, 과학책에서 캥거루를 소개할 때 또 나옵니다. 아이가 살던 조그마한 세계가 신문과 책을 통해 점점 확장되고 연결됩니다.

둘째, 영어 신문을 통해 아이의 영어 실력뿐만 아니라 시사 상식도 키울 수 있습니다. 이번 주에 두 아이와 읽었던 기사에는 방탄소년단이 나왔습니다. 방탄소년단이 〈Dynamite(다이너마이트)〉로 그래미어워즈 '베스트 팝 듀오·그룹 퍼포먼스' 후보로 지명되었다는 내용이었습니다. 먼저 방탄소년단이 아이들의 관심을 끕니다. 그리고 아빠가 평소에 즐겨 부르는 〈Dynamite〉가 나오니 두 아이가 신나게 '떼창'을 합니다. 말 그대로 신문을 보고 세상이 어떻게 돌아가는지 알 수 있습니다.

셋째, 시즌별로 돌아오는 휴일에 의미가 생깁니다. 10월 31일 할로윈, 11월 셋째 주 일요일 추수감사절, 12월 25일 크리스마스 등 시즌에 맞게 기사가 나옵니다. 여행지를 먼저 알고 가면 여행을 더 풍성하게 즐기듯이, 휴일을 보내기 전 관련 내용을 읽고 나면 휴일이 더 재미있을 것입니다. 할로윈은 영어책과 영상물에서 자주 다루어져 아이들에게도 익숙한 날입니다. 요즘에는 엄마들이 아이 친구들을 모아 할로윈 파티를 열어 주고 학원에서도 할로윈 이벤트가 있어서 코스튬을 입거나 사탕을 받아 올 일이 생깁니다. 신문 기사를 통해 할로윈이 어떤 의미가 있는지 먼저 안다면 사탕을 받아 오면서 자신이 왜 사탕을 받고 코스튬을 입었는지 알 수 있겠지요.

신문 기사로서의 장점 외에 영자 신문이 엄마표 영어에서는 어떤 점에서 좋을까요? 기사는 분량이 짧습니다. 분량으로는 챕터북의 한 쪽 정도밖에 되지 않기 때문에 비교가 되지 않습니다. 하지만 그 짧은 글 안에 기승전결이 있습니다. 즉, 완성된 짧은 글을 읽게 되는 것입니다. 그래서 기사 하나를 읽더라도 완성된 이야기를 읽을 수 있습니다.

기사가 챕터북보다 짧아서 다양한 활동에 활용할 수 있습니다. 제 딸은 한글로든, 영어로든 책 읽기라면 언어와 상관없이 좋아합니다. 그러나 책을 낭독하는 것은 즐기지 않습니다. 그런 친구들에게 짧지만 완성도 있는 글을 낭독하는 것은 읽기 활동을 이어 나가는 데 도움을 줍니다. 영자 신문을 읽을 수 있는 단계라면 챕터북 정도 읽기가 가능할 텐데, 읽고 있는 책으로 낭독을 하려면 분량에서 부담입니다.

따라서 소리 내어 읽기를 좋아하지 않는 아이에게 읽기를 권할 때 신문을 활용하면 좋겠습니다. 기사 하나당 읽기 시간이 1분 정도밖에 걸리지 않으니 반복해서 낭독해도 부담이 없습니다. 아이는 듣기도 다 했고 말하기와 읽기도 다 했으니 성취감도 느낍니다. 게다가 기사가 주는 정보도 얻게 됩니다. 이렇듯 신문 기사는 읽기를 싫

어하는 아이들에게 소리 내어 읽게 하기 위한 자료로는 영자 신문이
그만입니다.

| 영자 신문 3·3·3법칙

영자 신문을 읽기에서 그치지 않고 아웃풋을 이끌어 낼 수 있는 방
법이 바로 '영자 신문 3·3·3법칙'입니다. 이 법칙을 통해 영어의 네 가
지 스킬인 듣고 읽고 말하고 쓰기를 모두 연습할 수 있습니다. 초등
학교 1학년을 기준으로 〈킨더 타임즈〉를 준비했습니다.

3! 3개 기사 중에서 아이가 스스로 읽고 싶은 기사를 고른다.

〈키즈 타임즈〉는 주 1회 발행되는 주간 신문입니다. 신문 안에는
3개의 기사가 있습니다. 헤드라인을 보면서 아이가 읽고 싶은 기사
를 고릅니다. 아이는 그림을 보기도 하고 기사의 길이를 가늠해 보
기도 하면서 관심이 생기는 기사를 고릅니다. 엄마가 영어 교육을
이끌 때에는 아이의 흥미를 유도하는 것이 바탕이 되어야 합니다.
엄마가 정한 글이 아닌 아이가 원하는 글을 읽을 때 아이의 태도가
더욱더 적극적입니다.

3! 음원을 틀고 눈으로 기사를 따라가며 본다.

기사를 읽기 전에 먼저 녹음된 음원을 들어 보는 것입니다. 한 번으로는 이해가 잘 되지 않지만 반복적으로 기사를 들으며 눈으로도 보게 되면, 횟수를 거듭할수록 이해되는 내용이 많아집니다. 내용을 이해하며 처음 보는 단어가 어떻게 소리 나는지도 인지합니다.

3! 기사를 소리 내어 낭독한다.

기사를 잘 들었다면 들은 대로 낭독할 차례입니다. 집중해서 듣기를 할수록 낭독할 때 아이의 발음과 억양이 듣기와 흡사해지는 것을 느낄 수 있습니다. 낭독하다가 어떻게 읽는지 모르는 단어가 나올 수도 있습니다. 그때는 엄마가 발음을 가르쳐 주지 않아도 됩니다. 기사를 다시 한 번 듣고 알아내 보자고 유도해 보세요. 아이가 스스로 기사를 읽어 보면 그제야 어떻게 읽는지 모르는 단어가 보입니다. 다시 듣기를 하면서 그 단어에 집중하고 단어의 소리를 연습합니다.

| 낭독의 힘

영어 낭독은 엄청난 힘을 가지고 있습니다. 듣기와 눈으로 읽기를 통해서 글을 이해한다면, 소리 내 읽기는 글을 내 것으로 만들어 말하기를 준비시킵니다. 낭독을 꾸준히 하면 아이에게 따로 발음을 가르칠 필요가 없습니다. 대신 아이가 생각하는 대로 글을 읽으면 안 됩니다. 반드시 음원이 들리는 대로 똑같이 따라 읽는 훈련을 하게 해 주세요. 학습으로 배울 수 없는 발음, 억양과 **청크**(chunk) 단위로 끊어 읽기가 자연스럽게 만들어집니다.

또한 낭독을 통해 읽는 글은 듣고 말하기를 할 수 있는 수단이 됩니다. 영어 단어를 글로 보면 아는데 듣기만 하면 잘 모르는 경우가 있습니다. 제가 가르치는 중·고등학생들의 경우도 마찬가지입니다. 글로 써서 단어 시험을 볼 때 잘하다가도, 단어를 듣고 뜻을 말해 보라고 하면 무슨 단어인지 모르는 경우가 많습니다. 소리와 글자가 연결이 안 되는 것입니다. 글자를 듣고 소리 내어 읽는 순간, 그 글자는 더 이상 종이 위에 쓰인 글씨가 아닙니다. 글이 들리기도 하고 말로 표현이 되기도 하는 것이지요.

헤드라인과 그림을 통해 아이가 관심을 갖는 기사를 고르고, 듣고 읽으면서 꾸준히 기사를 읽어 가면 듣기, 읽기 실력이 분명히 향상됩니다. 소리 내어 읽는 낭독을 통해서도 말하기 준비를 할 수 있습니

* 청크(Chunk)
언어 학습자가 한꺼번에 하나의 단위처럼 배울 수 있는 어구이다.

다. 여기에서 조금 더 말하기와 쓰기를 이끌 수 있는 방법은 무엇이 있을까요?

신문 하나당 기사가 3개이니 주 3회로 계획을 세웁니다. 매번 듣기와 읽기는 기본으로 하게 됩니다. 그리고 요일별로 다른 활동을 넣습니다. 이 활동들은 듣기, 읽기만큼 쉽게 되지는 않고 아이의 노력이 필요합니다. 아이의 컨디션을 잘 보면서 흥미를 잃지 않도록 하는 것이 중요합니다.

외워서 말하기는 듣기와 읽기 활동을 끝낸 후, 동일한 기사를 외워서 말해 보는 것입니다. 외우는 것이 아이들에게 부담으로 다가올 수 있으니 먼저 아이와 목표를 잘 세우는 것이 중요합니다. 다른 아이가 영어로 지문을 말하는 동영상을 보여 주며 모델링을 해 주는 것도 좋습니다. '저 아이도 하니 나도 할 수 있구나.'라는 생각을 갖도록 하는 것이지요.

말하기, 쓰기 아웃풋 끌어 내기

요일	활동	
월	듣기와 읽기	외워서 말하기
수	듣기와 읽기	따라 쓰기 (섀도우 스피킹)
금	듣기와 읽기	들으며 말하기

아이와 목표를 세우고 외워서 말하기를 하기로 합의를 보았다면, 아이 혼자 외우도록 두지 말고 곁에 있어 주세요. 최소한 아이가 혼자 할 수 있을 만큼 익숙해질 때까지는요. 한글로 된 지문도 외워서 말하는 것은 힘든 과정일 수 있습니다. 예를 들어, 엄마가 한글 신문 기사를 외워서 말하는 과제가 있다고 생각해 보세요. 머리가 터질 것 같지 않습니까? 힘든 점은 이해해 줘야 합니다.

아이가 조금 더 수월하게 기사를 외울 수 있도록 내용에 대해 이야기를 나누어 보는 것도 좋습니다. 기사의 내용을 의미 단위로 세 부분 정도 나눠서 이야기 해 봅니다. 글에 의미를 부여한 후 내용의 흐름을 따라 글을 머릿속에 넣을 수 있도록 돕습니다.

이 과정이 어렵기 때문에 처음에는 아이가 힘들어 할 수 있습니다. 첫째 아이도 처음에는 그랬습니다. 외우기 목표를 같이 세우고, 방법을 터득하고 나니 스스로 외울 때까지 반복해서 읽기를 했습니다. 거의 무한 반복 수준이었습니다. 다 준비되었을 때 신문 기사를 외우는 첫째 아이의 모습을 동영상으로 촬영해 주었습니다. 힘든 과제를 완수해 낸 첫째 아이 얼굴에 뿌듯함과 만족감이 철철 흘렀습니다. 저에게 한마디 남기면서요.

"엄마, 자꾸 영어로 말하게 돼요!"

| 실력을 한 단계 높이는 쓰기 활동

수요일에 할 일은 기사를 똑같이 공책에 써 보는 것입니다. 흔히, 필사한다고 하지요. 처음 한글 단어 쓰기를 할 때 각두기공책에 맞춰서 예쁘게 글을 쓰듯, 영어 공책에 기사를 옮깁니다. 이때 요령은 글을 소리 내어 말하면서 쓰는 것입니다. 글을 읽고, 그 소리를 내 귀로 듣고, 내 손으로 다시 쓰고 있으니 다양한 감각 기관을 자극하게 됩니다. 글을 눈으로만 볼 때보다 눈, 귀, 손 근육의 감각을 모두 활용하여 글을 쓸 때 몇 배의 효과가 나타날 것입니다.

또한 따라 쓰기를 하면 구두법도 저절로 연습하게 됩니다. 큰따옴표, 작은따옴표, 쉼표, 마침표를 언제 써야 하고, 첫 단어는 대문자로 시작하는 것을 손과 뇌가 익히게 됩니다.

마지막으로 금요일에 하는 활동은 섀도우 스피킹, 즉 들으면서 말하기입니다. 섀도우 스피킹은 앞서 4장에서 다루었습니다.

신문 기사는 책에 비해 길이가 짧기 때문에 이러한 활동으로 연결해서 아웃풋을 끌어내기가 좋습니다. 신문 기사를 활용하는 날에도 영어책 읽기를 함께 하기를 권합니다. 영어책은 영어책대로 즐겁게 읽고, 신문 기사는 신문 기사대로 아웃풋을 이끌어 내는 학습을 하는 것이지요. 만약 기사를 통해 아웃풋을 이끌어 내는 활동이 아이에게 너무 버겁다면 멈추셔도 됩니다. 학습적인 요소가 들어가 있기 때문에 아이가 공부로 받아들이기 쉬운 활동입니다. 학습적으로 효과는 크지만 말입니다. 대신 즐거운 책 읽기는 꾸준히 이어 갑니다.

영자 신문에 자주 쓰이는 어휘

영자 신문은 기사가 짧아서 아이 입장에서는 듣기 시간이 짧다는 장점이 있지만, 자칫 어휘 때문에 어렵게 느껴질 수 있습니다. 기사의 난이도는 아이가 기사를 보고 모르는 어휘를 스스로 찾아낼 수 있는 정도면 적당합니다. 실력이 부족하면 모르는 부분만 찾아내는 것 자체가 불가능합니다. 영어 소리에 충분이 노출이 되었고, 챕터북을 이해한다면 시작하세요.

1. endangerd: 멸종 위기에 처한

과학 분야에서 환경에 관한 기사가 자주 나옵니다. 기사를 읽기 전에 멸종 위기에 처한 동물들을 보호할 수 있는 방법에 대해 아이와 생각해 봅니다.

2. rich in: ~가 풍부한

과일이나 채소의 좋은 점을 말할 때 자주 쓰이는 표현입니다. 음식을 먹을 때 어떤 영양소가 있어서 우리 몸에 좋은지 말해 봅니다.

예문: Onions are rich in various vitamins. (양파는 다양한 비타민이 풍부하다.)

3. harmful: 해로운

좋은 점이 있으면 나쁜 점도 말해 줘야 합니다. 과학책에서 봤던 환경 지식을 총 동원할 수 있습니다.

예문: The gas is not harmful. (가스는 해롭지 않다.)

4. according to: (진술 기록 등에) 따르면

기사의 출처를 밝혀야 하기 때문에 기사 앞머리에 잘 등장합니다.

예문: According to the Korea Press Foundation, (한국 기자 협회에 따르면)

5. January to December

기사는 사실을 바탕으로 쓰이기 때문에 정확한 날짜가 나옵니다. 1월부터 12월까지 영어로 익숙할 수 있도록 미리 짚어 봅니다.

January(1월), February(2월), March(3월), April(4월), May(5월), June(6월), July(7월), August(8월), September(9월), October(10월), November(11월), December(12월)

6. City, Country

전 세계의 소식을 기사로 접할 수 있기 때문에 나라와 도시 이름이 자주 등장합니다. 엄마와 아빠의 여행 이야기, 지리적 위치와 문화, 정치와 역사 등 이야기를 나눌 내용이 무궁무진합니다.

【02】

야무지게 영어책을
들이는 노하우

A급, 60권 전권, 정품 구매, 모서리 경미한 빛바램, 낙서 찍힘 없음.

무엇을 위한 문장일까요? 맞습니다. 중고 책을 판매하는 문장입니다. 예전에 제가 주로 이용하던 인터넷 카페는 '중고나라'였습니다. 요즘은 온라인 중고 시장에서 '당근마켓'이 새로운 강자가 되었지요.

한글책과 영어책을 매달 한두 질씩 구매하다 보니, 중고 책 거래에도 달인이 되었습니다. 중고 책 같은 경우 사진과 글만 봐도 이게 좋은 물건인지, 그렇다면 흥정해야 할 타이밍은 언제인지 동물적으로 감이 딱 옵니다. 안타깝게도 '동물적인 거래'는 책에만 한정하고 있습니다. 부동산, 주식 거래도 이렇게 척 보면 척이면 얼마나 좋을까요?

| 중고 서적을 구매하는 팁

수요 공급의 법칙에 따라서 공급이 많으면 당연히 중고 책도 가격이 내려갑니다. 그런데 이 중고 책 시장에서는 가격의 변동성이 꽤 높습니다. 전집을 샀던 가격이 아무리 높았더라도, 동일 서적의 공급이 많으면 1/10까지도 내려갑니다. 한글 전집 '땅 친구 물 친구'라는 유아용 자연관찰 시리즈가 있었습니다. 참 유익하게 아이들이 보고 중고나라에 내놓으니 동일 중고 도서가 시중에 많이 나와 있어서 잘 팔리지 않았습니다. 메이저 출판사의 유명 전집이었지만 가격을 더 낮춰 4만 원에 내놓은 뒤에야 팔렸습니다. 현재 신간 서적이 40만 원대에 팔리고 있습니다.

이렇게 좋은 책이지만, 초판 연도가 오래되어 다년간 중고 책이 시장에 누적되었다면 중고 제품을 사는 것이 이익입니다. 새 제품 같은 중고 책도 합리적인 가격에 구매할 수 있으니까요. 반면에 최근 출간되었거나 개정되었다면, 중고 책도 새 책 가격과 큰 차이가 없습니다. 이럴 때는 어떤 책을 구매하시겠어요? 신간을 사고 잘 읽어서 중고로 내놓으면 됩니다.

공급이 많은 책과는 달리 수요가 더 많은 인기 책도 있습니다. 특히 디브이디와 같이 나오는 책들은 인기가 많습니다. 이럴 때는 알람을 설정해 두고 판매 글이 떴을 때 구매하기도 합니다.

중고나라가 전국 단위(?)의 큰 시장이라면 지역 '맘 카페'는 작은 시장으로, 거래할 수 있는 서적이 제한적입니다. 제 경험으로 보면, 고가의 전집은 중고나라에서, 소소한 전집은 지역 카페에서 거래가 잘 되었습니다. 지역 카페는 택배비를 절약할 수 있다는 장점도 있습니다. 직거래로 책을 보고 구매 여부를 결정할 수 있는 것도 지역 카페 거래의 장점이 될까요? 네, 지역 카페에서 책을 구매하겠다고 희망하여 거래를 위해 만남이 성사되면 십중팔구는 그대로 책을 구매합니다. 책을 사겠다고 만나기까지 했다면, 책에 큰 하자가 없으면 대부분 거래는 이루어집니다.

지역 카페는 직거래를 하므로 사기 거래의 위험이 낮습니다. 그러나 중고나라는 꾸준히 사기범들이 기승을 부립니다. 엄마들이 원하는 좋은 상품을 낮은 가격에 올려놓고, 본인도 엄마인 양 글을 올리지요. 안전 거래 시스템이 있어도 구매자가 현금을 입금한 후 택배를 보내는, 사기를 치기 좋은 구조입니다. 그래서 책을 구매할 때 직거래가 가능한지 확인하고, 사기 이력 여부도 카페 내에서 판매자 전화번호를 검색하여 확인해 봅니다. 그래도 의심스럽다면 안전 거래를 유도하거나, 직접 통화해 보는 것도 방법입니다.

'개똥이네'라는 중고 책 거래 사이트도 있습니다. 인터넷과 오프라인 매장이 둘 다 있습니다. 개인들도 중고 책을 올리지만, 중고 책

거래상들이 책을 올리는 경우가 많아서 책이 많습니다. 개똥이네 오프라인 매장을 방문하면 이후에 아이에게 필요한 책을 단계별·분야별로 추천해 주기도 합니다.

중고 책 거래를 위한 또 다른 팁 하나! 전집을 살 때 권수가 하나라도 빠지면 가격이 많이 내려갑니다. 완벽한 책을 사고 싶은 소비자의 욕구 때문에 그렇겠지요. 집에서 아이들이 책을 잘 활용하다 보면 한두 권 정도 어디 있는지 못 찾는 일도 있고, 없어진지도 모르고 지내는 경우도 많이 있습니다. 권수가 빠진, 새 책 같은 중고 책을 눈여겨보세요. 교구나 워크북이 없는 책도 괜찮습니다. 어마어마한 교구가 올 것 같지만, 중고로 딸려 오는 교구 별거 없습니다. 단, 음원이 있는 책인지는 꼭 확인해야 합니다.

| 신간을 구매하는 팁

신간 서적은 어떻게 사야 할까요? 인기가 높은 작가의 단행본 영어책은 중고로 구매하기가 힘듭니다. 저는 아이가 잘 읽을 것 같은 책은 중고로 기다리지 않고 바로 구매했습니다.

첫째 아이는 코믹 장르를 좋아하는데 그중 《Fly Guy》는 외울 듯이 보았습니다. 그 책의 작가 테드 아놀드(Tedd Arnold)가 쓴 《Noodle heads(국수 머리)》나 'Parts' 시리즈는 발견 즉시 구매했습니다. 음원을 꼭 함께 사는 편이지만, 음원을 판매하지 않는 책들은 유튜브를 활용하면 됩니다. 최근 영어책을 읽어 주는 해외 유튜버들이 늘어나서 거의 모든 책을 원어민 발음으로 낭독한 것을 들을 수 있습니다.

• 신간 판매 사이트

웬디북(www.wendybook.com)

동방북스(tongbangbooks.com)

하프프라이스북(www.halfpricebook.co.kr/hp/index.php)

키즈북세종(www.kidsbooksejong.com)

북메카(abcbooks.co.kr/shop/main/index.php)

영어책을 위한 서고가 어린이도서관에 따로 마련되어 있는 경우가 많습니다. 앞서도 언급했듯이 가족 수별로 도서관 카드를 만들어 가면 도서관 가는 횟수를 줄일 수 있습니다.

아이들이 책 실물이 눈앞에 있어 더 관심을 갖고, 스스로 고른 책이 재미있으면 자긍심까지 느낄 수 있습니다. 도서 구매와 대여를 적절히 활용해서 상호 장단점을 보완해 나갈 수 있습니다.

영어책은 단행본이 좋은지 전집이 좋은지 고민할 필요가 없습니다. 다 필요하기 때문입니다. 픽처북은 단행본이 많습니다. 노부영 역시 단행본을 모아서 좋은 노래를 넣어 놓은 묶음집입니다. 리더스북과 챕터북으로 갈수록 재미있는 전집이 많아집니다. 그 전집 안에서도 아이들이 선호하는 책이 있습니다.

아이가 보는 책만 계속 보려고 하고 다른 책은 안 본다고 실망하지 마세요. 오히려 박수를 쳐 주십시오. 너덜너덜해지도록 한 책을 만난 아이는, 그 책으로 그림도 영어로 읽고, 역할극도 하고, 나아가 파닉스 없이 읽기도 할 수 있는 겁니다. 그래도 전집을 고루 보게 하고 싶다면 아이가 골라온 책에 슬쩍 끼워서 읽어 주세요. 다 읽은 책은 뒤집어 꽂아서 책 전체를 반복하는 방법도 있습니다. 그러나 너덜너덜한 책이 트로피라는 것은 잊지 마세요.

【03】

원어민 수업은
듣기가 되면 시작하라

"수아 친구들이랑 원어민 수업을 시작하려고 하는데 어떨까?"

친한 언니에게서 전화를 받았습니다. 언니의 초등학교 2학년 둘째 아이가 친구들과 함께 원어민 그룹 수업을 받으면 어떤지 물었습니다. 이미 아이 친구들 엄마들과 수업을 하는 쪽으로 마음이 기운 듯했습니다.

아이가 초등학교에 들어가면 학원에 대한 정보도 많이 들리고, 아이들을 함께 그룹으로 묶어서 수업하자는 주변의 요청도 들어옵니다. 저 역시 그러한 시기를 유혹받으며 지났습니다. 아이들 영어 공부에 관심이 있는 엄마에게 원어민 과외나 원어민 그룹 수업에 대한 제안은 참 솔깃합니다. 주변에 원어민 선생님을 구하기도 쉽지 않은

데 우리 아이를 끼워 준다니요. 혼자라면 못할 텐데 함께 수업하자니 감사하지요.

│ 원어민 수업 언제하면 좋을까

원어민 선생님과 수업을 하면 좋은 점이 무엇일까요? 바로 영어로 대화를 하는 환경이 생긴다는 점이지요. 내 아이에게 영어로 제대로 말을 걸어 줄 사람이 곁에 있고, 아이가 틀린 말을 했을 때 정확한 표현으로 고쳐 줄 수도 있습니다. 거기에 우리와 다르게 생긴 외국인과도 아이가 전혀 어색함 없이 지낼 수 있겠지요. 책에 있는 표현 말고도 실제 원어민들이 사용하는 표현을 접할 수도 있습니다.

이건 다 맞는 말입니다. 그런데 저는 친한 언니에게 "그럼. 원어민 수업하면 너무 좋지. 하루라도 빨리 당장 시작해!"라고 답하지 않았습니다. 원어민 선생님 수업을 받게 하고 싶으면, 둘째 아이보다는 첫째 아이가 받도록 하기를 조언했습니다.

원어민 수업을 받았다고 나쁠 게 뭐가 있겠습니까. 그런데 무엇이 문제일까요? 집에서 방문 과외를 받으면 수업 횟수는 보통 주 1~2회입니다. 수업료 부담이 있으니 매일 집으로 선생님이 오실 수는 없겠지요. 수업 자체는 만족스럽고 선생님도 좋을 수도 있습니다. 그러나 빈도수가 낮으니 절대적인 영어 노출 시간이 부족합니다. 이 시간만 가지고는 원어민 선생님처럼 유창하게 영어를 할 수가 없지요. 책과 영상으로 생활에서 영어 듣기 노출을 하는 것이 먼저입니다.

영어에 대한 노출이 적다면 정말 좋은 선생님이 옆에 있더라도, 원하는 만큼 아웃풋이 나오기가 힘듭니다. 운동 선수가 좋은 결과를 내려면 기본적으로 양질의 영양분을 섭취하고 잘 먹어야 합니다. 쫄쫄 굶고 나서 뛰라고 하면 뛰고 싶어도 뛸 힘이 없습니다. 영어도 마찬가지입니다. 아웃풋만 바라면, 아이의 귓속으로 들어간 것이 없는데 입으로만 나오기를 바라고 있는 모습이죠. 충분한 인풋 없이 원어민 수업을 시작하면 어떻게 될까요? 뉴요커 뺨치는 제스처로 "Hi. How are you?"에 대한 대답은 잘하는데, 조금만 대화가 깊이 들어가면 말문이 막힙니다.

엄마는 수업료 부담이 있으니 오랫동안 수업을 끌고 가기도 힘들고, 결국에 아이가 하다가 멈추면 "아, 좋은 경험이었다. 재미있는 수업이었다."라고 하며 아이에게 좋은 추억 하나 만들어 주고는 끝이 납니다. 그 다음에 아이가 갈 길은 원어민 수업을 시작하기 전이나 후나 크게 달라진 것이 없습니다. 다시 학원이냐, 영어책 읽기냐를 고민하다가 결국에는 초등학교 고학년 때 영어를 다시 시작하게 됩니다.

| 듣기가 되어야 원어민 수업이 재미있다

다시 친한 언니와의 상담으로 돌아가 보겠습니다. 둘째 아이는 이제 영어를 처음 시작하는 상황이었습니다. 아이가 영어를 재미있게 접하게 하고 싶다는 것이 언니가 원어민 수업을 생각한 이유였지요. 그런데 그 집의 첫째 아이는 영어 학원을 즐겁게 다니고 있고, 영어책을 읽는 것도 좋아한다고 했습니다. 영어가 들리고 재미있고 어느 정도 영어에 노출이 된 상황에서 원어민 선생님을 만나면 원하는 아웃풋이 나올 수 있지요. 그러나 이제 영어를 시작하는 둘째 아이에게 일주일에 한두 번 영어 자극을 준다 한들, 아직 쌓인 것이 없으니 아웃풋을 기대하기 어렵습니다. 그래서 저는 원어민 선생님 수업을 하고 싶으면 둘째 아이가 아니라 첫째 아이를 받게 하라고 조언해 주었던 것이지요.

원어민 그룹 수업을 하자는 제안은 너무 구미가 당깁니다. 마치 문화센터 발레 수업이 유치원에 다니는 딸아이를 둔 엄마들의 '로망'인 것처럼요. 그런데 발레 수업은 "발레복 입은 모습이 예뻤다."로 대부분 끝이 나고 그중 본격적으로 발레를 배울 친구들은 다시 발레를 시작해야 하지요.

저희 아이도 원어민 수업을 받은 적이 있습니다. 첫째 아이가 4세 때 둘째 아이가 태어났습니다. 복직하면서 두 아이를 함께 봐 주실 이모님을 구하기가 힘들어, 첫째 아이는 4세 때부터 저희 친정엄마가 봐 주셨습니다. 첫째 아이는 주중에는 친정엄마 집에서 살고 주말에는 우리 집으로 오는 생활을 3년간 했습니다.

첫째 아이는 20개월부터 영어를 시작했는데 36개월부터는 영어 노출이 거의 없어진 셈이지요. 최대한 영어 듣기 시간을 늘려 주려고 주말에 집에 왔을 때는 영어책을 열심히 읽어 주고 영어로만 말을 걸었습니다. 친정엄마 집에서도 영어 동영상을 볼 수 있도록 디브이디 플레이어를 구비해 놓았습니다. 친정엄마에게 리모콘으로 외부입력 이용하는 방법을 열심히 설명해 드렸습니다. 영어책과 세이펜도 준비해 놓았습니다. 친정엄마가 영어책을 읽어 줄 수는 없지만 영상물과 음원을 틀어 달라고 부탁드렸습니다.

부족한 영어 노출을 위해 6세가 될 때쯤 원어민 선생님을 집으로 모셨습니다. 사실 정확하게는 선생님은 원어민은 아니었지만, 호주에서 청소년기부터 보내고 오신 분이었습니다. 제가 원어민 선생님과 수업을 시작한 이유는 하나였습니다. 엄마 대신 영어로 놀아 줄 사람이 필요했기 때문입니다. 그래서 첫 만남 때 두 가지 부탁을 드렸습니다.

하나는 무조건 놀아 달라는 것이었습니다. 교재나 학습지 없이 매번 그림 그리거나 만들기가 주된 수업이었습니다. 또 다른 하나는 아이 앞에서는 한국말을 못 하는 척을 해 달라고 부탁을 드렸습니다. 아이는 전혀 눈치 채지 못했습니다. 아이는 이모같이 놀아 주는 선생님이 오시는 것을 좋아했습니다.

그러나 그 당시 저희 아이가 한국어를 하면 선생님이 다 알아들으시고 다시 영어로 말을 했습니다. 아이는 한국어를 쓰고 선생님은 영어를 쓰며 대화가 이어졌던 것이지요. 만약 지금 원어민 선생님이 집에 오신다면 그때보다 훨씬 양질의 아웃풋이 나올 수 있을 것입니다.

원어민 수업을 한다면 영어에 충분히 노출이 있고 난 뒤에 시작하세요. 화상 영어도 마찬가지입니다. 그렇지 않으면 깊이 있는 대화가 어렵습니다. 배불리 먹여 놓은 뒤에 뛰라고 합시다.

원어민이 자주 쓰는 영어 표현

출처 : 'Max and Ruby' 시리즈

1. Bunny Fairy Tales

1) Once upon a time, Max and Ruby were very hungry. *옛날 옛적에

2) Max took his red rubber elephant along. *(take along) 가지고 가다

3) What could it be? *이게 뭘까?

4) It reached all the way up to the sky. *~까지

5) He even found a brand-new rubber elephant! *아주 새로운, 신상의

6) She came upon a playground. *(come upon) 우연히 만나다

7) The big bad wolf snuck right into Granma's house. *(sneak into~)

~에 몰래 들어가다

8) He gobbled up three in a row. *(gobble up) 우적우적 먹다 *(in a row)

연속으로

2. Sporty Bunny Tales

1) The baseball came zooming by. *(zoom by) 붕하고 가다

2) Can you play away from the table? *~와 떨어져서

3) Here it comes. *(공을 던지면서) 간다

4) Roger's fly ball landed inches from the punch bowl. *코앞에

5) The baseball is heading straight for the party. *(head straight for~) ~에 직진하다

6) You saved the day. *네가 해결해 냈다

7) The basketball went right past them. *(go right past~) ~옆을 바로 지나가다

8) I've been watching you. *(have been watching) 지켜보고 있었다

3. Funny Bunny Tales

1) We are going to do makeovers. *단장하다

2) Max, wash off that lipstick. *씻어 내다

3) Hold your breath and turn upside down.

   *(hold one's breath) 숨을 참다 *(turn upside down) 거꾸로 돌리다

4) There's only one cure left. *(There's something left) ~가 남았다

5) It's time to head home. *집으로 향하다

6) Max would not eat it. *~할 것이다

7) You can't go down the slide. *미끄럼틀을 타고 내려오다

8) In no time at all, Ruby and Louise fell asleep. *당장에

【04】

영어보다
한국어가 먼저다

아이의 인지 발달 수준에 있어서는 외국어가 모국어를 넘어설 수 없습니다. 우리가 사는 환경은 기본적으로 모국어로 이루어져 있습니다. 그래서 글에 대한 이해와 사고, 추론 능력을 기르기 위해서는 모국어를 최우선으로 둬야 합니다. 영어 레벨을 위해 한글책은 등한시하고 영어책만 읽어 주는 것은 상당히 걱정스러운 일입니다.

아이들에게 영어책을 읽어 주다 보면 어느 순간 막히는 부분이 나옵니다. 특히 아이가 이해하지 못하는 수준이거나 내용이면 그렇습니다. 소리만 듣고, 글자만 읽고 있지 내용이 이해가 되지 않는, 참으로 깊이가 없는 책 읽기가 됩니다. 이럴 때는 엄마가 바로 알아채고 도움을 주어야 합니다.

책을 읽을 때 아이의 생각 주머니가 커져야 할 때가 있습니다. 아직은 생각하는 힘이, 인지 능력이 거기까지 도달하지 못한 것이지요. 이럴 때는 영어책보다 한글책을 특히 가까이 해야 합니다.

| 속담과 관용구의 중요성

첫째 아이가 좋아하는 코믹 작가의 책이 보이면 반가운 마음으로 망설이지 않고 바로 구매했습니다. 첫째 아이의 사랑을 많이 받았던 《Fly Guy》의 작가 테드 아놀드의 'Parts' 시리즈를 온라인 영어 서점에서 찾았습니다. 아놀드의 다른 책 《Noodle Heads》도 재미있게 읽었기 때문에 아이가 얼마나 좋아할까 기대를 많이 했습니다. 그러나 Parts 시리즈를 읽은 아이는 마음껏 깔깔대지 못했습니다.

Parts 시리즈는 몸이 조각조각 부서질까 두려운 남자아이 이야기입니다. 그림도 재미있고, 이야기도 엽기적이라 흥미롭습니다. 그런데 Parts 시리즈 세 권 중 'even more parts(더 많은 부품)'를 보면 책의 구성이 신체 부위를 다루는 관용구(Idiom)를 중심으로 되어 있습니다. "I put my foot in my mouth.(나는 입에 발을 넣었다.)"처럼 하지 말아야 할 말을 했을 때 쓰는 표현이 나옵니다. "It costs an arm and a leg.(큰 돈이 든다.)"는 어떤 것이 정말 비쌀 때 쓰는 말입니다.

페이지마다 이런 관용구를 주제로 유머스러운 그림이 그려져 있는데, 관용구를 이해하지 못하니 당연히 그림을 보고 웃을 수 없었던 것이지요.

이 책은 아동용 그림책이지만 성인이 공부하기에 더 좋을 것 같습니다. 저도 예전에 관용구 책(Idiom book)을 별로도 사서 원어민들이 쓰는 표현을 공부한 적이 있습니다. 우리 아이들은 먼저 한글 속담을 알아서 말에도 속뜻이 있다는 것을 알아야겠습니다. 다른 책이나 상황에서 비슷한 표현을 한두 번이라도 접한 다음에, 조금 더 커서 다시 이 책을 보면 그때는 책을 보며 깔깔 웃을 수 있겠죠.

| 한국어 실력도 같이 키워야 영어 실력도 커진다

영어책의 레벨은 한글책보다 한 템포 느리게 가는 것이 좋습니다. 예를 들어 아이가 얼리 챕터북을 읽기 시작한다면 한글책은 최소한 문고판은 읽고 즐길 수 있는 수준이 되어야 합니다. 우리 아이가 한글책보다 영어책을 더 좋아할 수도 있습니다. 그럴 때도 마찬가지입니다. 한글책과 영어책을 함께 읽어서 생각하는 힘을 먼저 키워 줘야 합니다.

지금 초등학교 2학년인 첫째 아이가 최근에 문고판 책들을 읽으면서 너무 재미있다고 하길래 뭐가 그렇게 재미있나 아이에게 가 보았습니다. 지난 여름방학 때 두꺼워서 읽기 싫다며 글밥이 많은 책을 쏙 빼 놨는데, 그 책들을 읽고 있던 것이지요. 아이의 독해 능력이 향상되고 사고의 세계가 넓어질 때 영어책도 한 단계 올라갈 수 있습니다.

한 가지 흥미로운 점은 한국어로 쓰인 글을 이해하는 힘이 좋은 아이들은 영어 독해에서도 결과가 좋다는 것입니다. 일례로, 중·고등학생에게 영어를 가르치다 보면 고등학교 2학년 이상이 되면 독해력과 문제 풀이 능력이 반드시 비례하지는 않습니다. 독해에서는 수능 지문 해설과 문제 풀이가 주입니다. 독해가 영어를 한국어로 바꾸는 능력이니, 독해를 잘하면 영어를 잘하고 수능에서도 높은 점수를 받을 수 있다고 생각합니다. 맞습니다. 어느 정도의 수준까지는요.

고등학교 3학년 아이들을 가르치다 보면, 독해도 다 했고, 모르는 단어도 없는데 왜 이게 답인지 모르는 경우가 있습니다. 그런 경우, 더는 어휘와 독해력이 문제가 아닙니다. 추론력과 이해력이 필요한 것입니다. 주제와 요지를 찾는 것도 마찬가지로 생각하는 힘이 필요합니다. 순서 찾기와 요약문, 빈칸 추론도 고차원적인 사고력이 필요합니다.

몇 년 전 새로 등장한, 글에서 밑줄 친 부분의 의미를 묻는 문제도 아이들이 어려워하는 부분입니다. 이러한 문제에 특히 어려움이 있는 아이들은 국어 영역에서도 같은 어려움을 겪습니다. 국어에서도 주제 찾기가 힘든데 영어라고 다를까요. 이런 학생들은 문법, 독해, 어휘 학습과 더불어 글 자체를 이해하는 능력이 필요합니다.

아이들은 모국어인 한국어로 세상을 살아가고 이해합니다. 영어를 배우기 이전에 이런 생각 주머니를 넓혀 주어야 영어 또한 어려움 없이 받아들일 수 있습니다. 최소한 영어책을 읽어 주는 만큼 한글책도 읽어 주세요. 인지와 사고 능력을 확장할 수 있도록 이끌어 주세요. 아이가 영어책을 읽다가 어려움이 있다면 한글책을 살펴보세요. 답이 쉽게 나올 수 있습니다.

【05】

영어를 쓰는 곳을
찾아 다녀라

대개 영어를 영상물이나 책으로만 접하기 쉬운 아이들이 영어를 실제 사용할 수 있는 어떤 방법이 있을까요? 앞에서는 아이의 영어 말하기를 이끌어 주기 위해서 집에서 '생활 영어로 말 걸기'를 추천 했습니다.

저희 집 아이들은 저와 집에 있을 때는 영어로 주로 대화를 합니다. 그렇지만 엄마와 집에 있는 절대적인 시간이 부족한 게 아쉬울 뿐이지요. 화상 영어나 원어민 수업 등이 대안이 될 수도 있습니다. 아니면 지금은 일단 마음을 내려놓고 훗날 해외 어학 연수를 생각하고 계신 분도 계실 것입니다.

한국에서 영어책과 영상물로 영어를 공부하는 아이들에게 교실 환경 말고 외국에 간 것처럼 외국인을 만날 수 있는 곳이 어디에 있을까요? 바로 '경기미래교육 파주캠퍼스'가 있습니다. 우리에게는 '파주 영어 마을'이라는 이름으로 더 친근하지요.

2000년대 초반 수도권의 각 지역에 영어 마을이 세워졌습니다. 해외에 나가지 않고도 충분히 현지와 같은 시설에서 영어를 효과적으로 체험하도록 한다는 취지를 가지고 있었습니다. 처음에는 마을 전체를 외국 마을처럼 꾸미고 은행, 상점, 방송국, 도서관, 음악실, 우체국 등을 갖춰 다양한 체험과 수업이 가능했습니다. 그러나 지자체마다 운영에 어려움을 겪으면서 지금은 규모가 상당히 축소되었습니다.

제가 경기미래교육 파주캠퍼스를 좋아하는 이유는 주말에 개인 단위로 일일 체험이 가능하고 수준 있는 영어 뮤지컬 관람이 가능하기 때문입니다. 지금은 경기미래교육 파주캠퍼스도 단체 교육 위주로 운영을 하며 일부 개인 체험 수업과 공연 관람이 가능합니다.

| 영어 사용권 장소에서 체험하기

2015년 아이와 처음 경기미래교육 파주캠퍼스에 갔습니다. 집에서 한 시간 정도 차로 이동하여 도착했습니다. 매표소에서는 입장권 외에도 뮤지컬, 가족 쿠킹 수업, 체험 수업을 원하는 스케줄로 구매

할 수 있었습니다. 아이가 아직 낯을 가리고 혼자 체험 수업을 하기에는 어린 나이였기에 3인 가족 쿠킹 수업과 뮤지컬 티켓을 구매했습니다. 당시에는 입장만 하더라도 입장권을 구매해야 했으나 지금은 입장은 무료로 변경되었습니다. 캠퍼스 자체가 넓고 건물들이 유럽풍으로 지어져서 데이트하러 온 연인들도 곳곳에 보였습니다.

영어 마을에 입장할 때 여권을 들고 입국 심사를 해야 합니다. 마치 외국에 온 것 같은 기분이 들고 외국인 직원의 인사가 반갑습니다. 입장하면 마을 안에 있는 무료 프로그램을 이용할 수 있었습니다. 우체국에 가서는 그림 그리기를 하고, 은행에 가서는 종이접기를 하는 식이지요. 상주하는 직원들은 영어를 사용합니다.

쿠킹 수업은 쿠킹 전용 교실에서 이루어졌습니다. 캠퍼스가 넓어서 지도를 보며 교실을 잘 찾아 가야 합니다. 두 명의 영어 교사가 수업을 이끌었고 피자를 만들었습니다. 보통의 교실 영어 수업보다 훨씬 속도감 있게 진행되었습니다. 학습자를 위해 쉽고 천천히 영어를 쓰는 교실 영어 수업이라기보다는 외국에서 요리 수업을 듣고 있는 기분이 들었습니다.

영어 마을의 하이라이트는 영어 뮤지컬이었습니다. 저는 평소에도 지역 소극장 연극 회원권을 신청해서 가끔 아이와 뮤지컬을 보러 갔습니다. 또 시청회관에서 하는 〈겨울 왕국〉 뮤지컬도 보러 갔는데 소극장보다는 규모가 크고 관객이 어마어마하게 모였습니다. 그런데 파주 영어마을의 영어 뮤지컬은 이보다 규모가 훨씬 큰 전문 극장에서 공연을 합니다.

극장 시설과 배우들의 수준, 상영 시간으로 봤을 때는 정말 훌륭합니다. 어린이 전용 영어 뮤지컬이지만 어른이 봐도 재미있고 감동적입니다. 가끔은 아이들보다 제가 더 설레는 것도 같습니다. 또한 매회 공연 도중 관객들의 참여를 유도합니다. 함께 대사를 외치기도 하고, 실제 무대 위로 올라가서 참여해 보기도 합니다. 우리나라의 탈춤 공연처럼 배우와 관객이 주거니 받거니 하는 것이지요.

뮤지컬의 주제는 보통 우리가 잘 알고 있는 세계 명작동화입니다. 〈미녀와 야수〉, 〈헨젤과 그레텔〉, 〈로빈 후드〉, 〈아나스타샤〉, 〈피터팬〉, 〈개구리 왕자〉 등 아이들에게 익숙한 이야기이지요. 영어 마을에 가기 전에 미리 어떤 공연이 올라오는지 홈페이지에서 살펴보고, 원작 책을 아이들과 읽습니다. 이때는 영어책이든 한글책이든 상관없이 집에 있는 책들을 활용하여 배경지식을 쌓습니다.

| 언어이자 소통의 수단 사용하기

뮤지컬이 끝나고 배우들과 포토 타임을 갖는데 한창 낯을 가릴 시기였던 첫째 아이가 강렬하게 분장한 배우들을 보고 무서웠는지 울던 게 생각납니다. 포토 타임이 끝나고 배우들이 극장 밖에서 30분 정도 아이들과 놀아 주러 나왔습니다. 분장을 지우고 옷도 평상복으로 갈아입은 배우들이 훌라우프 돌리기, 땅 따먹기 등을 하면서 아이들에게 자연스럽게 말을 걸었습니다. 영어는 본질적으로 책이나 선생님에게 배우는 공부 대상이 아니라, 언어이자 소통의 수단입니다.

작품마다 다르게 나왔던 배우들 맞추기도 재미있었습니다. 모든 배우들이 같지는 않지만 작품이 바뀌어도 중복되는 배우들이 있습니다. 지난번 〈개구리 왕자〉에서는 철부지 폭군이었다면, 〈헨젤과 그레텔〉에서는 헨젤로 등장하는 것이지요. 아이들도 그 점을 눈치 챘는지 배우에 관해서도 할 말이 많습니다. 공연을 보고 온 작품에 대해서는 남다른 친근감이 드는 것은 당연하구요.

영어 마을에서 뮤지컬 공연을 볼 때마다, 양질의 콘텐츠이고, 많은 장점을 지닌 공연임에도 불구하고 관객 수가 너무 적다는 점이 늘 안타까웠습니다. 서울과 다소 떨어진 위치, 홍보 부족 등의 이유 때문인지 매번 관객이 적어 공연이 취소되지 않을까 걱정할 정도였지요. 개인이 운영하는 극단이었다면 결코 유지하기 힘든 구조였습니다.

그 외에 영어 마을에서는 크리스마스와 할로윈에 축제도 열립니다. 작년 크리스마스 때 아이들과 파주에 또 방문했습니다. 이제는 제법 커서 어두운 극장을 무서워하지도 않고, 뮤지컬 공연을 즐겼습니다. 크리스마스 이벤트 수업을 신청했습니다. 아이들이 먼저 선생님과 교실에 모여 있고 준비가 되면 산타 할아버지가 등장합니다. 교실에 입장하기 전 대기하고 있던 산타 할아버지를 복도에서 저도 보았는데, 아이고, 너무 젊은 총각이 산타 복장을 하고 나타났습니다. 아이들이 '산타 아저씨'를 만났다고 합니다. 그래도 받아온 사탕에 또 한 번 신이 납니다.

이 모든 것이 지금은 추억이 되었습니다. 코로나19 발발 이후 모든 공연과 체험 수업은 중지되었고 캠퍼스 입장을 하여 거리 구경만 가능한 상태입니다. 대신 2020년에 3편의 영어 뮤지컬을 유튜브로 무료 방송했습니다. 유튜브로 공연을 보니 아이들이 보고 또 보고 하다가 대사를 외우는 장점은 있었습니다.

파주 영어 마을이 경기미래교육 파주캠퍼스로 바뀌면서 경기도민은 뮤지컬과 수업 비용의 50%를 할인해 줍니다. 파주 헤이리마을, 맛집, 아울렛 등을 돌면서 괜찮은 하루 여행을 할 수도 있습니다. 다시 마음껏 공연을 보러 갈 수 있기를 손꼽아 기다려 봅니다.

영어를 익히기 좋은 뮤지컬 추천 리스트

1. <헨젤과 그레텔>

아빠 핀, 오빠 헨젤, 여동생 그레텔, 강아지 플러피가 행복하게 살고 있습니다. 스토리 각색으로 원작과는 다르게 계모가 등장하지 않습니다. 어느 날 가족이 숲에 갔다가, 헨젤과 그레텔이 마녀에게 잡혀 갑니다. 그 마녀는 영원히 살 수 있는 묘약을 만들고 있었습니다. 그 묘약을 만들려면 12개의 열매와 남매가 필요했지요. 그러나 마녀에게는 착한 딸 잉그리드가 있었고 잉그리드의 도움으로 아빠는 남매를 구하러 갑니다. 결국 마녀는 딸 잉그리드에 의해 팔팔 끓는 묘약에 빠져 생을 마감합니다. 잉그리드는 아빠와 사랑에 빠져 새 가족이 됩니다.

Welcome to the woods, kids. (숲에 온 것을 환영한다, 아이들아.)

We will find the way. (우리는 길을 찾을 거야.)

We must learn the candy growing dance. (우리는 사탕을 자라게 하는 춤을 배워야 해요.)

Flower Power! Flower Power! (플라워 파워! 플라워 파워!)

I'll find you. (내가 널 찾아낼 거야.)

Take the berries. (내 베리를 찾을 거야.)

Put the children in the potion. (그 아이들을 묘약에 집어 넣을 거야.)

You can't stop me. (너는 나를 막을 수 없어).

2. <아나스타샤>

옛날 러시아에 어린 공주 아나스타샤가 할아버지 듀크 왕과 살았습니다. 어느 날 궁궐에서 전투가 벌어졌고 그 난리통에 아나스타샤 공주가 사라졌습니다. 왕은 손녀를 찾아주는 사람에게 주는 보상금으로 금화를 걸었습니다. 상금을 받고 싶은 알렉시는 니키타와 아냐에게 접근하여 성으로 데리고 갑니다. 그러나 아냐가 지니고 있는 목걸이가, 왕이 어린 손녀에게 주었던 것임을 알아채고 공주를 찾게 됩니다.

I'm looking for my granddaughter. (나는 손녀를 찾고 있어요.)

She is lost. (그 애를 잃어 버렸어요.)

What a story! (참 놀라운 이야기네요!)

I found my family. (나는 가족을 찾았어요.)

I feel so lucky. (나는 운이 좋아요.)

Meet Princess Anastasia. (아나스타샤 공주를 만나 보세요.)

3. 행복한 유령의 집

제임스, 진, 수지 세 남매가 수지의 핸드폰을 던지고 놀면서 장난을 치다가 유령의 집에 떨어뜨립니다. 핸드폰을 찾으러 유령의 집에 들어간 세 남매는 착한 유령 찰리를 만납니다. 아이들은 핸드폰과 열쇠를 찾아 집에 갈 수 있게 되었고, 유령 찰리와는 친구가 되었습니다.

When you are feeling bad or when you are feeling sad, (기분이 안 좋을 때, 마음이 슬플 때,)

Family is what you need. (의지할 건 가족뿐이야.)

One! Two! Three! Woo! (하나 둘 셋, 와!)

7장
알아서 굴러가는
영어 듣기 습관

【01】

영어 듣기 시간을
시각화 하라

제가 워킹맘임에도 불구하고 7년간 쉬지 않고 엄마표 영어를 할 수 있던 이유는 '선택과 집중'에 있습니다.

작년 여름에 건강 다이어트 프로그램을 신청했습니다. 함께 식단을 관리하고 매일 운동을 하며 건강한 삶을 영위해 나가는 사람들의 모임이었습니다. 다이어트라는 것도 역시나 매일 꾸준한 시간을 식단 관리와 운동에 써야 합니다. 엄마 식단도 챙기고 '홈트(홈트레이닝)'도 하고 틈새 운동도 하며, 일하는 시간 외에는 머릿속에 온통 운동 생각이어야 다이어트 성공이 가능합니다.

아이의 영어도 비슷합니다. 아이를 키우는 엄마의 하루는 너무나도 바쁩니다. 그 바쁜 시간 중에도 엄마와 아이에게 주어진 시간이 있습니다. 그때 해야 할 일의 순위를 정할 때 영어가 우선 순위가 된다면 성과가 보일 때까지 엄마와 아이가 엄마표로 영어를 진행해 나갈 수 있습니다.

주변에 엄마표 영어를 해 보았다는 사람은 참 많습니다. 우리 아이도 봤던 책이라는 말도 많이 듣습니다. 그런데 안타깝게도 꾸준히 가지 못하고 대부분 중간에 멈춥니다. 아이가 학원에 다니느라 책 읽을 시간이 없기도 하고, 엄마가 일이 바빠 미처 신경을 못 쓸 수도 있습니다. 다양한 이유로 아이와 영어를 시작했지만, 중간에 멈추는 게 아쉽습니다. 어떻게 하면 아이의 영어를 중간에 놓지 않고 계속 이어갈 수 있을까요?

| 영어 공부 시간 짜기

가장 먼저 '이렇게 하면 된다.'라는 믿음이 있어야 합니다. 놓지 않고 영어를 꾸준히 들어 온 아이는 말이 나오고, 글을 읽습니다. 단지 시간이 걸릴 뿐입니다.

정말 이렇게 하면 된다고 생각하면, '이것 하나만은 꼭 지켜야 할 일'로 영어를 정하는 것입니다. 삶이 바빠지고 변수가 생겨서 일정이 바뀌더라도 하루에 이것 하나만은 꼭 하겠다는 마음이지요. 그래서 아이의 영어가 1순위가 되어야 합니다. 일 외의 자투리 시간이 남았을 때 무엇을 할 수 있을까요? 아이의 영어가 우선순위가 되어야 꾸준히 이어 나갈 수 있습니다.

그리고 강한 믿음을 가지고 엄마표 영어에 우선순위를 둔 다음, 매일 꾸준히 실천할 수 있는 시간을 확보해 놓으세요. 때가 되면 밥을 먹듯, 때가 되면 아이와 영어책을 읽는 것이지요. 매일 습관처럼 하루의 일과가 될 때, 특별한 노력 없이도 엄마표 영어가 굴러갈 수 있습니다. 저희 아이들의 학기 중 영어 스케줄로 예를 들어 보겠습니다.

아침형 인간인 두 아이는 9시에 잠자리에 듭니다. 그리고 비교적 이른 시간에 눈을 뜹니다. 아이들은 잠에서 깨자마자 엄마 침대로 달려옵니다. 그리고 바로 침대에 나란히 누운 채 아침 '스토리 타임'이 시작됩니다. 전날 밤 자기 전에 손만 내밀면 닿을 곳에 미리 준비해 놓은 책을 펼쳐 듭니다. 시디플레이어에 시디도 버튼만 누르면

< 유리와 제롬이의 학기 중 영어 스케줄>

활동	영어책 집중 듣기 (유리·제롬)	영어책 음원 듣기 (유리·제롬)	영어책 읽기 (유리)	영상물 보기 (유리·제롬)
시간	오전 6:30~7:30	오전 7:30~8:30	오후 1:00~1:30	오후 4:00~5:00

켜지도록 준비되어 있습니다.

아이들이 아직 씻기 전 잠자리에서 그대로 눈 떴을 때 책 읽기를 시작하는 것이 포인트입니다. 만약 아이의 관심이 다른 곳으로 향하면 그날 1시간 아침 독서는 물 건너갈 수도 있기 때문입니다. 눈 뜨자마자 다른 장난감을 잡으면, 다시 책으로 관심을 끌어오기가 쉽지 않습니다.

아이들에게 책을 읽어 주다 보면 아이가 가장 책 읽기에 집중할 수 있는 시간을 알 수 있습니다. 보통 아이들은 잠자리 시간에 책을 집중해서 잘 읽습니다. 그러나 오후에 출근하고 늦은 밤에 퇴근하는 저로서는 잠자리 영어 독서는 주말에만 하는 것으로 만족해야만 했습니다. 그런데 어느 날 눈 뜨자마자 영어책을 읽어 보니, 잠자리 책 읽기 못지않게 아이들이 일어난 자리에서도 집중에서 책을 본다는 것을 알았습니다. 1시간 동안 꼼짝하지 않고 책을 읽을 수 있는 시간으로 자기 전, 또는 자고 일어난 직후가 좋았습니다.

| 알아서 공부하도록 루틴 만들기

아이들이 영어책 낭독을 1시간가량 들었다면 그 다음 하루 일과가 시작됩니다. 씻고 아침을 먹고 등원, 등교 준비를 하는 것이지요.

그때 오늘 읽었던 책의 음원을 다시 한 번 틀어줍니다. 음원을 듣는 시간은 길수록 좋습니다. 엄마도 아이도 누구도 힘든 일이 없이 음원만 틀어 놓고 있는 것이지만, 귀가 트이는 데 효과가 좋습니다. 그러나 반드시 들었던 책이나 봤던 영상물의 소리여야 합니다. 맥락 없이 소리만 듣는 것은 소음에 불과합니다.

둘째 아이가 어린이집에서 돌아온 후 영어 영상물을 봅니다. 저는 이미 출근해서 집에 없지만 할머니와 있을 때 하루 1시간 영상물 보기 약속은 잘 지키고 있습니다. 할머니는 아이가 영상물을 볼 시간에 저녁 준비를 하고 집안일을 하십니다.

둘째 아이에게는 해당이 없으나 초등학생인 딸은 학교에 다녀와서 영어책을 소리 내어 읽습니다. 아이가 학교에서 돌아오기 전에 미리 맛있는 간식을 준비해 둡니다. 아이는 집에 와서 엄마와 이런저런 이야기를 나누고 바로 테이블에 앉습니다. 간식을 먹으며 기분이 좋아진 아이는 소리 내어 책 읽기를 무사히 마칩니다. 오전 집중 듣기가 새 책 위주라면, 오후 소리 내어 읽기는 어떤 책이라도 활용하면 됩니다. 길이가 짧은 리더스북을 골라 오면 권수를 늘리고, 챕터북이라면 한 권이면 충분할 수도 있습니다.

한글책은 아이들 선택입니다. 첫째 아이는 하루에 한글책 5권 읽기를 목표로 하고 있고, 둘째 아이는 할머니나 아빠가 한글책을 읽어 줍니다. 엄마는 어떤 책을 요즘에 아이가 읽고 있는지 할머니와 아빠에게 공유해 줍니다.

아이가 영어를 책을 통해 듣는 시간, 음원만 듣는 시간, 읽을 수 있는 시간을 찾아서 정해 놓고 눈에 보이게 시각화해 놓으면, 하나의 훌륭한 하루 영어 계획이 됩니다. 영어를 우선순위에 두되 지킬 수 있는 만큼만 하는 것이지요. 아이가 가장 책을 효율적으로 낭독을 듣고 볼 수 있는 시간을 찾아내는 것은 엄마의 몫입니다.

집 앞 커피숍에서 첫째 아이의 친구 엄마들을 만났습니다. 엄마들은 영어 학원 상담을 다녀오는 길이었습니다. 새로 옮긴 영어 학원이 매일반이라 아이가 시간이 너무 없다고 합니다. 엄마와 영어책 읽기를 시작하면 아이가 오히려 시간적 자유를 찾을 수 있습니다.

(6 [02]

엄마의 영어 시간
관리법 노하우

아이들이 영어 아웃풋이 나올 수 있던 결정적인 이유는 중간에 영어를 멈추지 않았기 때문입니다. 워킹맘인 제가 아이 영어를 놓지 않고 이어갈 수 있던 방법 중 하나는 '하루를 둘로 나누기'입니다.

첫째 아이를 가졌을 때부터는 어학원에 나가지 않고 제 일을 시작했습니다. 아이가 어린이집에 가기 전까지 오전은 엄마로서의 삶에 집중했습니다. 엄마가 아이와 영어를 할 때 좋은 점은 아이와 보내는 모든 시간이 영어를 하는 시간이 될 수 있다는 점이지요. 같이 책을 읽고, 노래를 부르고, 춤을 추고, 영어로 말하며, 아침 시간을 아이와 함께 보냅니다. 점심을 먹고 아이 낮잠 시간에는 제게도 황금 같은 휴식 시간이 주어집니다.

낮잠 시간이 끝나면 오후에 이모님이 집으로 오십니다. 이모님과 저는 육아를 교대합니다. 그 시간을 기준으로 엄마였던 저는 선생님이 됩니다. 수업과 상담, 공지, 교재 연구, 교재 주문, 홍보 등 할 일이 많습니다. 숨 돌릴 틈 없이 학생들에게 최선을 다하고 나면 밤 10시가 되어서야 수업이 끝납니다.

수업이 끝나면 수업 외적으로 해야 할 일들이 있습니다. 어학원 강사로 일할 때는 수업에만 신경 쓰면 되었지만, 이제는 원장과 강사, 1인 2역입니다. 그래도 밤 시간에는 나만의 시간이 주어져 육아 서적도 읽고 아이 책과 영상물도 검색해서 주문합니다.

할 일이 많고 생각이 복잡하면 마음이 급해지고 스트레스가 늡니다. 이 많은 일이 얽히고설키면 뭐 하나 잘되는 일이 없을 테니까요. 그런데 하루를 둘로 나눠 이틀처럼 쓰니 이 점이 해결됩니다. 오전에는 엄마 일만, 오후에는 선생님 일만 하는 것이지요. 그래서 낮잠 시간을 기준으로 생각뿐 아니라 옷차림과 화장 등 외양도 모두 달라집니다. 아이와 있을 때는 엄마 일에만 전념하고, 오후에는 학원 일만 생각하는 것이지요. 그리고 밤 10시까지 쓸 에너지를 충분하게 비축해 두어야 하니, 제게는 오후 낮잠이 가장 중요했습니다. 낮잠을 자고 일어나면 새로운 세계가 펼쳐집니다. 30분 동안 푹 낮잠을 자고 일어났을 때 기분은 그야말로 환상적입니다. 에너지가 모두 채워집니다.

내 체력이 좋아야 육아도 영어도 즐겁고, 일도 즐겁습니다. 둘째 아이는 일찍 일어나는 새나라의 어린이인지 3세까지는 새벽 5시 30분이면 어김없이 일어났습니다. 일이 늦게 끝나고 일찍 일어나야 하는 이러한 생활 속에서 낮잠은 하루를 이틀처럼 살게 해 주는 제 비밀 병기였습니다.

| 시간별 역할극을 위한 원칙

이런 시간별 역할극에 변수가 생기면 하루가 무너집니다. 엄마 모임에 참석해서 점심 식사를 합니다. 점심을 먹고 나니 일할 시간이 되어서 부리나케 집으로 돌아옵니다. 오전에 엄마들과 대화를 하느라 에너지를 많이 썼습니다. 거기에 낮잠도 자지 못합니다. 그 상태로 바로 일을 시작하는 날은 에너지가 부족합니다. 오전에 놀고 와서는 밤 10시까지 쌩쌩하기 힘든 것이지요.

처음 첫째 아이를 키울 때는 육아가 힘들고 외롭기도 해서 엄마들 모임에 자주 나갔습니다. 그런데 워킹맘인 저로서는 평일 모임이 체력적으로 한계가 있었습니다. '뱁새가 황새 따라가다 가랑이 찢어진다.'라는 속담이 당시 저에게 딱 맞았습니다. '전업맘' 모임을 따라가다 진짜 가랑이 찢어질 뻔했으니까요.

둘째 아이 때는 엄마 모임에 대한 유혹이 별로 없었습니다. 아무래도 첫째 아이보다 둘째 아이는 모든 게 여유롭고 느긋해집니다. 어린이집도 최대한 늦게 보내고, 엄마 모임도 주말에만 하고 오롯이 아이와 둘이 아침 시간을 영어하며 놀았습니다. 둘째 아이가 영어 말하기를 주저하지 않고 할 수 있는 이유는 특히 0~3세 시기에 영어 노출이 가장 많았기 때문이라고 생각합니다.

하루를 반으로 나누어 역할을 명확하게 나누어야 하는데, 이 두 시간 사이의 경계가 흐려지면 또 문제가 생깁니다. 학원 일을 하다 보면 수업 시간 외에도 전화를 받게 됩니다. 그 시간이 아침이거나 혹은 주말이 될 수도 있습니다. 초보 원장일 때는 전화가 오면 거의 24시간 받았는데 그러다 보면 처리해야 할 후속 조치가 필요한 일이 생깁니다. 그렇게 되면 아이와 있다가도 온전히 아이에게 집중하지 못합니다. 제가 일로 스트레스를 받으면 아이도 영향을 받습니다. 그러면 아이와 함께 있는 시간이 오히려 독이 될 수 있지요.

| 시간을 효율적으로 쓰는 규칙 세우기

지금은 상담 시간을 별도로 정해서 그 시간에 주로 통화를 하고 있습니다. 혹 주말에 학부모님에게서 연락이 오면 아이와 함께 있는 시간임을 알려 드립니다. 대부분의 학부모님은 그렇게 안내를 드리면 감사하게도 이후에는 주말에는 가급적 연락을 주시지 않습니다.

또한 아이와 있는 시간에는 핸드폰과 거리를 둡니다. 아이와 책을 보다가도 메시지가 오면 저도 모르게 핸드폰을 들게 됩니다. 책 읽는 흐름도 끊기고 아이에게 핸드폰을 들고 있는 모습을 또 한 번 보여 주는 모양새가 됩니다. 요즘에 '단체 톡방'이 너무 많아져 안 읽은 메시지가 쌓여 있으면 조급함을 느낄 정도입니다. 아이에게 책을 읽어 줄 때 핸드폰에서 음원을 틀어 줘야 하면 핸드폰을 무음으로 설정해 놓습니다. 아예 핸드폰을 충전기에 꽂아 놓고 유선 전화처럼 쓰기도 합니다. 핸드폰이 보이면 아이도 무심결에 잡고 사진이라도 보고 싶으니까요.

이렇게 하면 하루를 둘로 나눠 오전 5시 30분부터 오후 3시까지의 엄마 역할과 오후 3시 30분부터 오후 10시까지의 원장 역할을 소화할 수 있습니다. 이렇게 시간을 얻었을 때에는 주어진 시간의 목적에 충실해야 합니다. 일 때문에 아이와의 관계를 망치거나, 핸드폰을 들여다보느라 주의가 분산되지 않도록 합시다. 엄마가 아이의 눈을 바라보며 아이에게만 집중할 때 아이도 즐거워합니다. 엄마의 사랑을 그대로 아이에게 전달하세요. 같은 시간이라도 시간의 질이 수십 수백 배 달라집니다.

【03】

영어를 우선순위에 두기 위한
필요조건

요즘 '본캐'와 '부캐'라는 신조어가 유행하고 있습니다. 제 경우에는 우선순위로 따졌을 때 본캐는 '엄마', 부캐는 '선생'과 '작가'라고 할 수 있습니다. 가끔 이 세 가지 역할을 해내다가 힘에 부치면 이런 생각이 떠오릅니다.

'손오공처럼 머리카락을 뽑아 '호' 불어서 분신술을 쓰고 싶다. 내가 세 명이라면 얼마나 좋을까?'

남편에게 나를 세 명 만들어 놓고, 진짜 나는 어디에 가서 좀 쉬면 좋겠다는 우스갯소리를 하고는 합니다. 그런데 가만히 생각해 보니 제게도 분신 같은 존재들이 있었습니다. 이 세 가지 캐릭터가 그래서 모두 가능했습니다. 그건 바로 주변 사람들의 도움이었죠.

| 주변 사람의 도움 받기

저의 첫 번째 분신은 남편입니다. 아이들이 어렸을 때 남편은 회사 일로 무척 바빴습니다. 새벽에 출근하고 연일 야근을 해서 아이들은 주중에 아빠 얼굴 보기가 힘들 정도였습니다. 하숙생이 따로 없었지요. 3주씩 해외 출장을 가기도 했습니다. 지금은 주 52시간 근무가 되면서 아이들에게 저녁에 아빠가 생겼습니다. 오전에는 늦게 출근하는 제가, 저녁에는 일찍 퇴근하는 남편이 아이들과 시간을 보내고 있습니다. 대신 밤 시간에는 제가 헐레벌떡 뛰어오지 않아도 되어 학원 업무와 자기계발에 쓰는 시간이 훨씬 편해졌습니다.

육아에서 아빠가 담당하는 역할은 여전히 아이들과 놀아 주기입니다. 엄마가 싫어하는 과자와 사탕도 잘 쥐어 줍니다. 책만 사 주는 엄마와는 달리 장난감도 잘 사 줍니다. 디브이디 영상물만 보게 하는 엄마와는 다르게 애니메이션도 잘 보여 줍니다. 아이들에게 아빠는 '쉼터'입니다.

제 두 번째 분신은 친정엄마입니다. 칭찬으로 아이들 기를 살려주고 학습까지 이어 가는 친정엄마의 모습을 보면 감탄이 절로 나옵니다. 친정엄마가 첫째 아이를 3년간 데리고 살면서 키워 주셨습니다. 밀착 육아의 달인이시지요. 어린이집에서 요청하는 준비물도 빠짐없이 준비해 주셨습니다. 엄마의 도움이 있었기에 둘째 아이를 키우며 일할 수 있었습니다.

세 번째 저의 분신은 둘째 아이가 돌 되기 전부터 7세가 된 지금까지 봐주고 계신 이모님입니다. 아이들에게는 세 명의 할머니 가운데 한 분이지요. 좋은 시어머니 만나기보다 좋은 이모님 만나기가 더 힘들다는데 저는 참 복이 많습니다. 아이를 봐 주시는 분이 불안했다면, 제가 제대로 일을 할 수 없었겠지요.

| 선택과 집중으로 성공적인 영어 홈스쿨링

선택과 집중에서 아이와 일을 택했기 때문에, 아이와 함께 있는 시간에는 아이에만 집중하고 싶었습니다. 저희 집에는 그래서 갖가지 가전제품이 있습니다. 올해 식기세척기까지 들였지요. 저희 집에서는 로봇청소기, 건조기 등 로봇들이 '열일'을 하고 있습니다.

경제 시간에 배우는 재화와 용역이 한정적이듯 우리에게 주어진 시간도 그렇습니다. 그러기에 우리는 선택과 집중을 해야 합니다. 청소, 빨래, 요리, 육아를 모두 잘하며 일도 잘하고 아이 영어책도 잘 챙겨서 읽어 주기는 힘듭니다. 잘할 수 있고, 잘하고 싶은 부분을 선택하고 나머지 부분은 힘을 빼야 합니다.

저는 아이와 일에 우선순위를 두었습니다. 우선순위를 잘하기 위해 제 분신들의 도움을 많이 받고 있습니다.

주변의 도움을 받기 힘든 상황이라도 괜찮습니다. '독박 육아'라도 괜찮습니다. 모든 것에는 장점과 단점이 함께 있습니다. 단지 보는 각도에 따라 생각이 달라질 뿐이지요. 물론 독박 육아는 참으로 힘들고 피곤하고 서글픕니다.

저도 남편이 출장 간 3주간은 주말마다 아이들을 혼자서 어떻게 봐야 하나 그 고민부터 했습니다. 하지만 독박 육아의 장점도 있다면 아이와 보내는 시간이 많다는 것입니다. 아이가 그만큼 영어에 노출되는 시간이 늘어납니다. 제가 둘째 아이를 일부러 어린이집에 늦게 보내고 데리고 있을 때처럼 말입니다.

아이들 학습에 있어서도 우선순위가 필요합니다. 한글책과 영어책도 읽어 줘야 하고, 한글 떼기도 해야 합니다. 초등학교 입학 후에는 태권도, 미술, 피아노, 방과 후 등 해야 할 일들이 더욱 늘어납니다. 이때도 선택과 집중이 필요합니다. 영어가 우선순위가 되지 않으면 다른 일들에 밀려서 중도에 흐지부지되는 일이 생깁니다.

엄마와 아이의 시간이 교집합처럼 잘 만나는 시간을 활용하세요. 한글책과 영어책을 읽어 주는 시간을 매일 확보하려면 엄마가 아이에게만 집중해야 합니다. 집안일은 분신들에게 부탁하거나 아이와의 시간 후로 미루어 두세요. 매일 커 가고 있는 아이들은 엄마를 기다려 주지 않습니다. 바로 지금입니다.

【04】

아이에게
영어 거부기가 왔을 때

자녀 교육에서 가장 중요하다고 여기는 것은 무엇인가요? 과제 수행 능력, 공부 그릇 만들기, 하브루타식 독서, 인성, 자기 주도 학습, 수학, 자신감, 글쓰기, 메타인지, 창의적 사고, 나눔, 끈기……

저는 바쁜 워킹맘으로서 아이에게 이것 하나만은 해 주겠다고 다짐했고, 지금도 열정을 쏟고 있는 것이 있습니다. 바로 '영어'와 '책'입니다. 아무리 바빠도 아이가 봐야 할 책은 밤새 중고나라를 뒤져서라도 집에 들였고, 수학 문제는 같이 풀어 주지 못해도 영어책은 함께 읽었습니다. 소꿉놀이, 퍼즐, 블록 등 놀이를 같이 한 적은 손에 꼽을 정도로 적지만, 책 읽기는 매일 같이 했습니다. 그런데, 제가 이렇게나 중요하게 생각했던 영어를 잠시 놓아야 할 때가 있었습니다.

| 할머니표 육아와 영어

첫째 아이와 둘째 아이는 세 살 터울입니다. 첫째 아이가 4세였을 때 둘째 아이가 태어났습니다. 지금은 아니지만, 당시에는 집에서 영어 공부방을 운영하고 있었습니다. 중·고등학생 수업을 했기에 집은 항상 조용히 해야 하는 상황이었습니다. 그런 환경에서 이모님 한 분에게 신생아와 첫째 아이까지 맡기기는 힘들었습니다. 결국 친정엄마의 도움을 받아야 했습니다.

세상에 안 되는 일은 없나 봅니다. 친정집과 저희 집은 서울과 경기도로 다른 지역이었지만, 친정집 근처 어린이집에서 저희 집까지 어린이집 버스를 운행하고 있었습니다. 이미 국공립 어린이집이 많았던 서울보다는, 입주한 지 얼마 안 되는 아파트가 밀집된 우리 동네에 수요가 많았던 것입니다. 월요일에 어린이집 버스를 태워 아이를 보내면, 평일에는 친정엄마 집에서 등하원을 하고 주말에만 우리 집에 오도록 계획을 짰습니다.

첫째 아이는 4세 때부터 3년 동안 친정엄마의 사랑을 듬뿍 받으며 지냈습니다. 친정엄마는 첫째 아이가 집에 오면 바로 간식을 먹을 수 있도록 준비해 놓으셨다가, 아이가 오는 시간부터는 아이 옆에서 맨투맨 육아를 해주셨습니다. 첫째 아이는 오자마자 그리기, 자르기, 스티커 붙이기를 하며 친정엄마와 놀았고 5세가 되던 해 봄에 한글 읽기와 쓰기도 뗐습니다.

친정엄마 사랑의 힘이었습니다. 저녁 먹고 설거지도 하지 않으시고 아이가 잠든 후에야 집을 치우셨습니다. 아이가 텔레비전은 안 보았으면 하는 딸의 말도 들어주셨습니다. 잠자리 독서 시간에 철학, 과학, 수학, 리더십, 창작 책을 매일 같이 읽어 주셨습니다. 친정엄마는 긍정적이고 유머가 있는 분이셔서, 잠자기 전에 아이와 '개미, 개미'라고 몸 위로 기어 다니는 개미를 흉내 낸 손가락 게임을 하며 재미있게 잠도 재워 주셨습니다. 밥을 싹싹 긁어 먹으면 농부 아저씨가 좋아한다면서 아이와 빙글빙글 '농부 춤'도 추었습니다.

저는 혹시나 아이가 영어를 잊을까봐 디브이디(DVD) 재생기도 친정으로 배송시켜서 디브이디를 보여 달라고 부탁드렸습니다. 영어로 말하며 놀아 주는 선생님도 방문하도록 했습니다. 어린이집 엄마 모임에 갈 때마다 엄마들이 그렇게 친정엄마를 칭찬했습니다. 당신네도 그런 할머니가 계시면 좋겠다고요.

첫째 아이가 그렇게 극진하게 친정엄마의 보살핌을 3년 동안 받다가 다시 우리 집으로 완전히 돌아오게 되었습니다. 둘째 아이를 봐 주시던 이모님이 두 아이를 함께 봐 주시겠다고 허락해 주셨기 때문입니다. 그렇게 첫째 아이의 주 양육자가 친정엄마에서 저와 남편으로 바뀌었습니다.

| 첫째 아이의 영어 거부기

예상했던 대로 생활 환경과 주 양육자가 바뀐다는 것은 아이에게 힘든 일이었습니다. 무엇보다 동생에 대해 애정과 질투의 양가감정이 있었습니다. 더군다나 3년간 같았던 어린이집의 담임 선생님이 바뀌었고, 반도 다른 반과 합반이 되었습니다. 같은 엄마 집, 같은 어린이집이었지만 함께하는 사람들은 달라졌습니다.

바로 그때 아이가 영어책 보기를 거부하기 시작했습니다. 아이에게 제가 가장 정성 들여서 했던 것이 책 읽기와 영어였는데 영어를 거부합니다. 이때 둘째 아이는 4세가 되어 한참 영어 말하기가 폭발해 나오던 시기입니다. 집에서 제가 영어로 말하면, 둘째 아이는 영어로, 첫째 아이는 한국어로 대답했습니다.

첫째 아이가 어린이집도 가기 싫어해서 이유를 물어보니 "엄마와 함께 있고 싶어서."라고 대답했습니다. 남들이 부러워할 정도로 할머니 사랑은 받았지만, 정작 엄마의 사랑이 고팠던 것입니다.

그때부터 저는 영어책을 아이에게 일절 읽어 주지 않았습니다. 아이의 마음을 달래는 것이 먼저라는 생각이 들었기 때문입니다. 그리고 주 1회 '엄마와 데이트하는 날'을 정했습니다. 책에 관심이 많은 저와 주로 가던 데이트 코스는 결국 동네 도서관과 도서관 내 카페였습니다. 함께 한글책을 읽고, 첫째 아이가 좋아하는 고구마 라테를 마시고, 맛있는 점심을 먹고 난 후 아이는 어린이집으로, 저는 일터로 향했습니다.

주말에는 첫째 아이와 데이트도 할 겸 도서관에서 하는 요리와 미술 수업을 들었습니다. 부모 없이 아이 혼자 듣는 7세 수업이었는데, 아이가 낯선 환경을 힘들어해서 저는 '철면피 권법'을 썼습니다. 강사님께 부탁을 드리고 첫 수업에 30분 동안 아이 곁에 있었습니다. 교실에 숨어 있는 엄마가 부담스러우셨을 텐데도, 두 수업 다 승낙해 주셔서 첫째 아이가 첫 수업에 잘 임할 수 있었습니다.

첫 수업이 잘 풀리니 다음 수업부터는 문제없이 혼자 수업을 들었습니다. 이때 아동심리치료전문가 이정화의 《내성적 아이의 힘》이라는 책을 읽은 것도 첫째 아이를 이해하고 양육하는 데 많은 도움을 주었습니다.

그렇게 지내던 중 첫째 아이와 동네 도서관에 갔습니다. 이번에는 영어 코너였습니다. 엄마가 이런 저런 책을 들춰 보니 아이도 관심이 생깁니다. 이것저것 마음에 드는 책을 뽑아 봅니다.

그날 딸아이를 영어책으로 돌아오게 해 준 반가운 아이를 만났습니다. 바로 'Daisy(데이지)' 시리즈. 자기와 비슷한 또래의 몽실언니 머리 스타일을 한 유쾌 발랄 엽기 캐릭터를 찾아 온 것이지요. 책을 직접 고르고, 관심이 생기고, 책이 재미있으니 아이가 더는 영어책을 거부하지 않았습니다. 다시 영어책으로 돌아왔습니다.

아이가 책을 거부할 때는 아이도 나름대로 이유가 있을 것입니다. 알아듣는 내용이 적어서 재미가 없다든지, 너무 학습적으로 접근했다든지, 아이의 레벨보다 음원의 속도가 빠르다든지, 책 자체가 재미가 없다든지, 더 재미있는 놀잇거리가 있다는 등의 이유 말입니다.

제 아이의 경우는 마음의 준비가 되지 않았던 것이고, 엄마의 사랑을 먼저 충족시켜 주니 아이의 책 읽기 욕구가 되살아났습니다. 한글책과 영어책을 모두 아주 좋아했던 친구였으니 기다려 주면 되는 것이었습니다. 영어 거부기가 왔다면 잠시 영어책을 내려놓고 기다려 주세요. 서두르지 마세요. 아이에게도 이유가 있고 숨 고를 시기가 필요합니다.

【05】

성공적인 엄마표 영어의 공통점

첫째 아이가 저와 영어를 시작했을 때 보았던 엄마표 영어와 책 육아 관련 몇 책에서 특이한 공통점을 찾아냈습니다. 아이들이 어린이집을 다니지 않고 있다는 점입니다. 게다가 어떤 집은 아이가 셋이나 되었습니다. 어린이집에 가면 아이들이 책을 읽을 시간이 부족하다는 것입니다. 저는 이게 가능한가 싶어 그렇게 아이들을 키우는 엄마들이 정말 대단하다고만 생각했습니다.

그러나 첫째 아이와 둘째 아이에게 집에서 영어책을 읽어 주면서 왜 아이들이 어린이집에 가지 않았는지 이해되었습니다. 어린이집에 다니면서는 영어와 책에 노출될 수 있는 충분한 시간이 없었던 것입니다.

│ 영어 노출 시간을 확보해야 하는 이유

엄마표 영어의 핵심은 영어 듣기 노출 시간입니다. 아이가 바빠지면 집에서 영어 노출을 할 시간이 부족해집니다. 아이가 학교에 들어가면 태권도, 미술, 피아노, 가베, 논술, 종이접기, 수영 등 하고 싶은 것들이 많아집니다. 매일 방과 후 스케줄이 있고 하루에 학원이 두 개 겹치는 날이면 학교 숙제도 해야 하고, 영어 노출 시간은 점점 줄어듭니다.

첫째 아이가 초등학교에 입학했을 때 저 역시 여기저기 좋다는 추천을 받고 수업을 시작했습니다. 뭐 하나 아이에게 필요하지 않은 수업이 없는 것 같았습니다. 그런데 정작 아이가 스스로 책을 읽고 영어책에 노출되는 시간이 턱없이 줄어들었습니다. 주객이 전도된 것이지요. 그래서 아이와 상의하여 꼭 다니고 싶은 수업만 빼고 정리하기 시작했습니다. 그리고 다시 빈 시간은 놀이와 한글책 읽기, 영어 노출로 채워 나갔습니다.

2020년 초, 전 세계적으로 코로나19가 무섭게 퍼져 나갔습니다. 학교와 어린이집이 등교 일정을 미루고 아이들이 집에만 있었습니다. 첫째 아이가 좋아하던 피아노학원도 갈 수 없게 되었습니다. 아이들이 집에 있으니 엄마와 책 보는 시간이 늘어났습니다. 엄마와 영어로 말하는 시간도 늘어났습니다. 놀이터도 폐쇄되고 학교도 학원도 못 가는 시기였지만 아이들의 영어 실력은 한 단계 올라갔음이 분명합니다.

첫째 아이는 챕터북 읽기가 자리 잡았고, 말하기도 한층 더 자신 감이 생겼습니다. 둘째 아이는 과학 주제에 흥미가 생겨 〈옥토넛〉 과《Magic School Bus》책 내용을 영어로 설명해 줄 수 있게 되었습니다.

위기를 기회로 삼고 소중한 아이들의 시간을 활용하세요. 어차피 가지 못하는 학교와 학원 대신에 집에서 제대로 책 읽기와 영어 노출을 해 주면 어떨까요. 한글책도 읽고 영어책도 읽어 줍니다. 아이들과 함께 요리하면서 영어책 음원을 흘려듣습니다. 오후에는 영어로 만화 나 뮤지컬도 한 편 봅니다. 이번 기회에 저는 둘째 아이 한글 떼기에 도전해 봐야겠습니다.

아이의 영어를 남의 손에만 맡겼다면 코로나19가 끝나기만 계속 기다렸을지도 모릅니다. 엄마와 함께하는 시간이 많아진 만큼 영어 에 노출되는 시간이 많아집니다. 엄마표 영어가 성공에 가까워지고 있습니다.

【06】

혼자가 힘들다면
함께하라

　엄마표 영어는 최소 2~3년은 꾸준히 영어 듣기에 아이가 노출이 되어야 합니다. 그렇게만 된다면 누구나 영어 귀가 트이고, 말이 나올 수 있습니다. 그런데 이 기간만큼 엄마가 꾸준히 영어를 하기가 쉽지 않다는 것이 문제입니다. 아이가 듣기로 인풋을 준다고 해서 바로 말하기 아웃풋이 나오지 않습니다. 그리고 성과가 바로 보이지 않는데 끝까지 밀고 나가기에 확신이 부족합니다.

　혼자가 힘들다면 주변을 이리저리 둘러보세요. 그런데 생각보다 엄마가 영어책을 읽어 주는 집이 많이 없습니다. 집에 영어책은 있을 수 있지만 학원을 다니며 보조 교재로 활용하는 경우가 많습니다. 그래서 함께 엄마표 영어를 할 엄마를 찾기가 쉽지 않습니다. 그러면 온라인으로 한번 가 보세요. 블로그와 카페처럼, 같은 관심사를 가진 엄마들이 모여 있는 곳에 가면 나와 같은 엄마들이 있을 것입니다.

| 같이 하며 영어 공부의 추진력을 얻기

올 여름에 영어책 읽기를 엄마들과 함께 하면 좋겠다는 생각이 들었습니다. 코로나19로 아이들이 집에 있는데 이 시간을 적극 더 활용해 보고 싶었습니다. 또 무엇보다도 함께하면 재미있을 것 같았습니다. 그래서 동네에서 영어에 관심이 많은 엄마들을 모아 영어책 읽기 프로젝트를 시작했습니다.

매일 목표를 세웁니다. 그날 읽은 영어책과 한글책 사진을 단톡방에 올립니다. 흘려듣기 1시간과 영상물 본 시간도 적습니다. 그리고 그날의 소감을 작성합니다. 이렇게 하루 리뷰가 올라오지 않으면 적립금에서 차감을 하고, 우수한 엄마에게는 선물을 드렸답니다.

이렇게 하니까 서로의 사진을 통해 읽는 책도 공유하게 되고, 질문이 생기기도 합니다. 가장 좋았던 것은 혼자서는 못 했을 책 읽기를 쉬지 않았다는 점이지요. 첫째 아이도 그때 친구들이 한글책을 읽는다는 이야기에 동기 부여가 되어서 스스로 하는 잠자리 한글책 독서를 5권으로 늘리게 되었습니다. 친구 엄마가 부상으로 걸었던 고래밥이 효과가 있었지요. 친구들과 함께 하니 아이들도 경쟁 삼아 더 열심히 하게 됩니다.

저는 7년간 엄마표 영어를 혼자 해 왔지만, 엄마들과 하니 훨씬 아이 영어에 집중을 더 할 수 있다는 것을 느꼈습니다. 토익 스터디를 같이 하듯, 함께 할 때 생기는 힘은 분명히 있었습니다.

| 엄마표 영어를 일으켜 주는 몇 가지 방법

그동안 혼자 아이들에게 영어를 꾸준히 가르치며, 나태해질 때면 육아 서적, 영어 교육, 뇌 발달 등 책을 보면서 마음을 다잡았습니다. 육아 책만 읽으면 '내가 미쳤나봐.' '진짜 나쁜 엄마네.' '요즘 일이 너무 바쁘다고 아이한테 신경을 못 썼구나.'라면서 반성이 들었습니다. 동시에 힘도 났습니다. 그렇게 엄마도 성장하고 아이의 영어는 꾸준히 이어졌습니다.

아이의 성장 과정을 기록하는 육아 일기를 한 달에 한 번 정도 썼습니다. 인간은 정말로 망각의 동물이라 기록해 놓지 않으면, 머릿속에 남아 있는 게 없습니다.

아이가 처음으로 말한 영어 단어와 그때의 상황, 다 읽은 책, 좋아하는 영상물, 부를 수 있는 영어 노래, 말하기 표현 등을 기록해 놓고 보니 보물 책을 한 권 만들어 놓은 것 같습니다. 가끔 아빠에게도 펜을 쥐어 주면서 육아 일기를 써 달라고 부탁했습니다. 두 아이의 육아 일기를 아이가 20세가 되면 선물할 계획입니다.

엄마표 영어가 힘들 때면 영어 잘하는 아이의 영상을 한번 찾아보는 것도 좋겠습니다. 우리 어른도 꿈을 이루기 위해서는 나보다 먼저 시작한 이른바 성공한 사람을 롤 모델로 정합니다. 그 사람이 갔던 길을 알아보고, 나의 상황에 맞춰서 적용해 봅니다. 이처럼 우리 아이도 따라갈 수 있는 그런 롤 모델을 찾아보는 것이지요.

'엄친딸'이나 '엄친아'를 찾아오시면 안 됩니다. 애 잡습니다. 스파르타도 안 됩니다. 엄마표로 영어 말하기를 잘하는 아이를 찾아보세요. 그 아이가 얼마나 영어에 노출이 되었고, 그 아이 엄마가 어떻게 해 주었는지를 보세요. 그렇게 하면 마법 같은 일이 생겨납니다.

"이거 되는구나. 나도 할 수 있겠다."

실제로 엄마표 영어로 성공한 아이의 말하기 영상을 보면, 미적미적했던 마음에 확신이 생깁니다. 그거 하나만으로도 중간에 멈추지 않을 힘을 얻습니다.

엄마표 영어에 대해서 회의적으로 말하는 사람들도 있습니다. 심지어 영어 선생님이나 영어 전공자임에도 말입니다. 그런데 가만히 보면 그분들은 엄마표 영어를 막상 실행해 본 적이 없는 사람들입니다. 엄마표 영어로 영어를 원어민처럼 말하는 아이 또한 본 적이 없는 것이지요.

사람은 경험한 세상의 틀 안에서만 살기 쉽습니다. 영어를 학습으로만 알아 왔다면 자연스럽게 습득하는 것이 이해하기 어려울 수 있습니다. 정해진 틀을 벗어나 새로운 도전을 해 보시길 권합니다.

아이와 영어를 하다 보면, 지치거나 다른 일이 바빠서 영어가 뒤로 밀리는 일이 분명히 있습니다. 그럴 때는 스터디를 활용하거나 스스로 리뷰를 작성해 보세요. 영어 교육 서적을 읽으면서 마음을 다시 다지고 가는 것도 매우 효과적입니다. 마지막으로 롤 모델을 찾아 성공에 대한 확신을 가집니다. 중간에 멈추지만 않는다면 결국 성공합니다.

【07】

엄마도 성장하는
영어 듣기 생활

너무 신기하게도 아이에게 책을 매일 같이 읽어 주다 보면, 엄마의 영어가 덩달아 부쩍 성장하는 것을 느끼실 겁니다.

엄마표 영어에서 엄마의 역할은 무엇일까요? 엄마는 영어를 가르쳐 주는 사람이 아니라, 함께하는 사람입니다. 아이가 귀가 트일 때까지 엄마가 가장 많이 하는 일이 바로 책 읽어 주는 일입니다.

아이는 듣기를 하고 있지만, 엄마는 낭독을 하고 있습니다. 또한 낭독을 하면서 엄마의 귀는 엄마의 소리를 또 듣고 있고요. 낭독을 하는 글은 짧은 그림책 글입니다. 영어로 문장을 만들 때 짧은 문장부터 시작하면 참 좋습니다. 주어와 동사를 갖춘 짧은 구조부터 점점 살이 붙어 문장이 길어집니다. 엄마가 원하든 원하지 않든 책을 읽으면서 말하기 연습을 하게 되는 것이지요.

엄마의 발음은 어떨까요? 어린이 도서관에서 영어책을 빌려 보면 가끔 단어 밑에 연필로 한국어 뜻과 발음 기호를 누군가가 적어 놓은 흔적이 보입니다. 아마도 엄마가 아이에게 책을 읽어 주다가 모르는 발음이 나왔을 때 적어 놓은 것이겠죠. 그런데 발음 기호도 내 상상 속에 있는 규칙대로라 실제 원어민들이 사용하는 발음과는 차이가 있지요.

엄마가 시디나 음원을 활용해서 영어책을 듣고 읽는다면, 엄마의 발음 또한 좋아집니다. 발음 기호가 아니라 원어민의 목소리를 듣고 책을 소리 내서 읽으세요. 발음뿐만 아니라 억양과 연음까지 좋아집니다. 억양은 소리를 듣지 않으면 실제로 어떻게 말을 하는지 절대 알 수 없습니다. 잘 들으면 발음뿐 아니라 표현력도 좋아집니다.

성인 어학원에서 직장인과 대학생에게 회화 강의를 할 때 이런 질문을 참 많이 받았습니다.

"영어 회화를 잘하려면 어떻게 해야 하나요?"

제가 가장 추천하는 방법은 미국 드라마를 활용하는 것입니다. 회화를 잘하려면 실제로 원어민들이 쓰는 말을 듣고, 똑같이 따라하는 방법만큼 좋은 것이 없습니다. 앵무새처럼 들리는 대로 따라 말하는 것입니다. 미국 드라마는 대화가 사용되는 환경이 함께 주어지기 때문에 실제 활용할 수 있는 말들이 참 많죠. 2000년대 초반에 시트콤 〈프렌즈〉를 시작으로 지금도 미국 드라마를 활용한 영어 회화 연습은 성인들에게 꾸준히 사랑받는 방법입니다.

아이들이 보는 애니메이션 영상물을 미국 드라마처럼 활용해 보세요. 엄마들에게 이보다 좋은 영어 공부 콘텐츠가 없습니다. 아이들이 보는 애니메이션이니 미국 드라마보다는 말의 속도가 느리기는 합니다만 적당한 난이도의 속도입니다.

제 수강생 중에 할리우드 영화를 10번도 넘게 반복해서 보며 영어 공부를 하던 학생이 있었습니다. 같은 영화를 반복해서 보는 것이 좀처럼 쉽지는 않지만, 영어 학습에 있어서는 효과가 만점입니다. 그 친구는 미국인 배우가 나오는 영화를 볼 때면 미국인 특유의 말투로 말합니다. 영국식 영어를 쓰는 영화를 보면 물론 영국인처럼 말하고요. 그래서 말투를 들어보고 "너 또 미국 영화 봤니?"라면서 웃었던 기억이 나네요.

아이들도 이렇게 영어 영상물을 반복해서 보면 효과가 더 좋습니다. 엄마도 아이들의 영어 영상물을 같이 보며 회화 연습을 하듯이 활용해 보세요. 아이만 영어 공부하는 시간이 아니라 엄마의 자기계발에도 무척 의미 있는 시간이 될 것입니다.

영어로 말하는 아이가 만날 넓은 세상

책을 쓰느라 엄마가 더 바빠져서 신경을 못 써 주는데, 아이들 스스로 책을 잡고 있는 모습이 너무 대견합니다. 첫째 아이가 둘째 아이에게 책을 읽어 주기도 하고, 둘째 아이는 시디를 틀어 놓고 혼자 책을 보기도 합니다. 영어 영상물은 하원 후 정해진 시간만큼만 보기로 한 약속도 잘 지켜 주고 있습니다. 처음에 영어책을 아이에게 읽어 줄 때는 이런 날이 오리라 생각하지 못했습니다. 엄마가 주도하지 않아도 아이에게 영어와 책이 마치 공기처럼 일상이 되는 날 말이에요.

책과 영어로 아이의 세상이 커져 가고 있는 것이 느껴집니다. 낯가림이 많았던 첫째 아이는 미국에 가서 미국인과 영어로 이야기를 나누고 싶다고 합니다. 아이가 영어책을 읽고 나서 "이 책 너무 재미있어."라고 말할 때, 저는 가장 기분이 좋습니다.

태어날 때부터 영어 환경에 노출되었던 둘째 아이는 영어와 한국어 두 개의 모국어를 갖게 되었습니다. 아기 때부터 했던 영어 듣기가 4세가 되며 말하기가 되었습니다. 한국어와 똑같은 과정으로 듣기와 말하기 순서대로 언어가 발달하고 있습니다. 이 방법에 대한 믿음이 없었다면, 저도 아이가 6세가 되었을 때 파닉스부터 가르치려고 했을 테지요.

책을 쓰기로 결정하고 블로그에 선언하니 엄마표 영어 주제로 강의 의뢰가 들어 왔습니다. 첫 강의를 준비하며 그동안 모아 둔 아이들이 영어를 말하는 영상과 육아 일기를 꺼내 보았습니다. 엄마 강의를 온라인으로 본 두 아이가 신이 납니다. 강의 속 주인공이 되었으니까요. 강의가 끝나고 둘째 아이가 이렇게 말했습니다.

"I got famous?"

책은 새로운 시작인 것 같습니다. 강의를 시작했고, 아이들과 함께 할 영어 유튜브도 기획하고 있습니다. 어떤 콘텐츠를 담을지 가족회의도 했습니다. 남편도 영상 편집자로 참여하기로 했습니다. 앞으로 다양한 콘텐츠를 통해 이 땅의 엄마들이 아이와 엄마표 영어를 해 나가는 데 실제로 도움이 될 수 있도록 하겠습니다.

아이들이 커 가고 학년이 올라가면 그때부터는 듣기와 말하기에서 읽기와 쓰기까지 영역이 넓어집니다. 중·고등학생이 되면 그때는 영어를 언어가 아닌 대입을 위한 과목으로서 준비를 해야 합니다. 아이 연령에 따라 영어를 대하는 태도도 바꾸어야 하니, 지금은 학습에 조급해하지 말고 영어 소리 노출을 해 주시기를 권합니다.

넓은 바다 같은 남편 이경 님, 감사합니다. 당신 품 안에서 잘 뛰어놀겠습니다. 평생 친구 내 딸 유리, 다정한 아들 제롬아, 엄마에게 와 줘서 고마워. 그리고 어머니, 당신의 믿음과 지지로 도전의 기로에 설 때마다 앞으로 나아가며 여기까지 왔습니다. 책을 읽어 주신 독자 분들 감사합니다. 아이와 영어를 하면서 행복했다고 기억되는 여러분의 '육아 시절'을 보내시기를 진심으로 바라겠습니다.

영어를 모국어처럼 말하는 아이의 비밀

초등 영어는 듣기가 전부다

ⓒ 이진희 2021

인쇄일 2021년 3월 17일
발행일 2021년 3월 25일

지은이 이진희
펴낸이 유경민 노종한
기획마케팅 1팀 우현권 **2팀** 정세림 금슬기 최지원 현나래
기획편집 1팀 이현정 임지연 **2팀** 김형욱 박익비 **라이프팀** 박지혜
책임편집 박지혜
디자인 남다희 홍진기
펴낸곳 유노라이프
등록번호 제2019-000256호
주소 서울시 마포구 월드컵로20길 5, 4층
전화 02-323-7763 **팩스** 02-323-7764 **이메일** uknowbooks@naver.com

ISBN 979-11-91104-10-3 (13590)

• — 책값은 책 뒤표지에 있습니다.
• — 잘못된 책은 구입하신 곳에서 환불 또는 교환하실 수 있습니다.
• — 유노라이프는 유노북스의 자녀교육, 실용 도서를 출판하는 브랜드입니다.